长寿美食

广西卫视《百寿探秘》栏目　编

探秘百寿故事
发现美食传奇
（视频·长寿食谱·交流圈）

广西科学技术出版社
·南宁·

图书在版编目（CIP）数据

长寿美食 / 广西卫视《百寿探秘》栏目编. —南宁：广西科学技术出版社，2019.4（2024.1重印）
（百寿探秘）
ISBN 978-7-5551-1136-8

Ⅰ.①长… Ⅱ.①广… Ⅲ.①老年人—保健—食谱 Ⅳ. ①TS972.163

中国版本图书馆CIP数据核字（2019）第006782号

CHANGSHOU MEISHI
长寿美食
广西卫视《百寿探秘》栏目　编

责任编辑：何杏华　　助理编辑：罗绍松　陈诗英
责任印制：韦文印　　责任校对：夏晓雯
装帧设计：韦娇林　　设计助理：吴　康

出 版 人：卢培钊
出　　版：广西科学技术出版社
社　　址：广西南宁市东葛路66号　　邮政编码：530023
网　　址：http://www.gxkjs.com

经　　销：全国各地新华书店
印　　刷：北京虎彩文化传播有限公司

开　　本：787mm×1092mm　1/16
字　　数：200千字　　印　　张：16.25
版　　次：2019年4月第1版
印　　次：2024年1月第3次印刷
书　　号：ISBN 978-7-5551-1136-8
定　　价：129.00元

序言

长寿是人类与生俱来的追求。自古以来，中国人似乎就从未中断过对长寿的追求，嫦娥偷灵药、彭祖不老、秦始皇求仙、汉武帝炼丹……2017年2月，广西巴马瑶族自治县燕洞镇109岁杨申秀老人的时尚照登上了美国纽约时代广场纳斯达克大屏幕，来自广西的这张长寿名片瞬间吸引了全球的目光。在广西河池市境内有一块石碑，碑上刻着清朝嘉庆皇帝御笔诗“百岁春秋卌年度，四朝雨露一身覃”，此碑御赐当时142岁的河池老寿星蓝祥。这个史料记载举世震惊，蓝祥后来活到了144岁，是迄今为止世界上最长寿的老人。在广西乐业县，这个2016年新入选的“世界长寿之乡”，有一个特殊的大家庭，101岁的张春红奶奶如今已是六世同堂，最小的来孙未满1岁，与她相差整整一个世纪，这样的大家庭在中国乃至全世界都属罕见。

说到本丛书的源起，离不开广西得天独厚的长寿资源。在中国共有77个长寿之乡，其中广西就有27个，约占全国总数的35%，是中国长寿人数较多的省区。根据世界权威机构的认定，广西拥有巴马、乐业和浦北3个“世界长寿之乡”，以及河池、贺州2个“世界长寿市”。在这样的长寿沃土上，广西卫视一档原创长寿文化栏目——《百寿探秘》顺势而生，以百岁老人为节目主角，以“孝老爱亲敬老得福”为节目核心，展现生命奇迹下的厚度和温度，是目前全国卫视唯一真实记录百岁老人传奇人生和养生秘诀的长寿文化节目。

“天上千年鸟，地有百岁人。”在中华民族源远流长的长寿文化之中，百岁老人就是一把开启当地生命密码的金钥匙，是中国历史的亲历者和见证人，对这一群体的拍摄本身就是抢救性地挖掘和记录。

《百寿探秘》栏目自2017年1月在广西卫视开播，至本丛书出版之时，已真实记录了广西乃至全国200多位百岁老人的长寿奇迹。拍摄团队多由“80后”和“90后”组成，拍摄的百岁老人中最年长者为120岁，而栏目组最年轻的编导只有25岁，相差了近百年。顶着“最萌年龄差”，虽然“长寿”和“养生”这两个词对这支年轻的团队来说谈之尚早，但他们还是用脚步丈量了一个个广西乃至全国的长寿之乡，用新颖独特的视角、科学严谨的态度，生动有趣地讲述百岁老人的长寿秘诀，挖掘百岁老人家庭背后的感人故事，扛起了讲好中国“生态家园，康养长寿”的中国故事的大旗。

本丛书选取《百寿探秘》栏目中出现过的200多位百

岁老人的部分饮食秘诀和养生宝典，通过图文并茂的形式介绍给广大读者。把电视屏幕中的动态影像经过整理和提炼，变成一本本可随身携带的长寿指南，使得广西卫视能在电视之外，通过图书来传播长寿文化，造福大众，这是我们电视工作者一份沉甸甸的责任！

长寿成因奥秘无穷，长寿元素数不胜数，长寿文化符号浩若繁星。《百寿探秘》栏目的编导们为了更好地向我们诠释长寿的秘诀，不辞辛劳长时间奔波于广西的巴马、永福、东兴、昭平等27个长寿之乡。编导们还对各个地方的环境、饮食、民俗、医药和物产等进行查询，在繁多、交错、复杂的历史文献资料中理出头绪，在精心构架下图文并茂、简练而翔实地将“单集成文、拼版成书、合装成套”。本丛书以广西的百岁老人为例进行通俗易懂的介绍，令人耳目一新，有较强的趣味性和可读性。同时，还让读者在发现长寿秘诀的同时可切身体会到广西积淀深厚的人文底蕴、独具特色的风尚民俗、奇丽秀美的自然山水、优越丰富的物产资源。

不可否认的是，对延年益寿的探索从来都是人类的自觉行为，也是人类历史上最古老、最漫长却又鲜有成效的一项生命工程。广西是多民族地区，也是中国乃至世界闻名的长寿之地，其长期孕育出的长寿文化现象在一定程度上使广西具有了让民族文化走向世界的魅力。无论是宜人的生活环境、良好的饮食习惯，还是独特的生活态度，本丛书向读者传达的是长寿这一人类生存永恒的命题。或许，当我们真正地理解了丛书中表现的对生命的热爱，关心并支持长寿文化的挖掘与传承，那么即使不用刻苦研究、努力探索，掌握那些长寿的方法和规律对我们而言也必将是一件水到渠成的事情。

此序毕！

2018年11月25日

颜兵，广西广播电视台综合频道（广西卫视）总监，高级记者。从事电视台采编工作30多年，主创、策划并组织实施的新闻作品《中国东盟合作之旅》荣获中国新闻奖一等奖，主创的作品《总书记笑了》《风卷红旗》等荣获中国新闻奖三等奖，参与策划的《广西故事》专栏荣获广西文艺创作最高奖——“铜鼓奖”。

前言

仆此书，不过顺乎人之天，皆日用而不可缺者，故他书可有也，可无也。此书则可有，也必不可无也。

——《三元参赞延寿书》

本丛书目前出版《长寿美食》和《长寿秘诀》两册，源自广西卫视匠心巨作——《百寿探秘》栏目。该栏目作为全国唯一真实记录百岁老人传奇人生和养生秘诀的长寿文化栏目，在收视率、品牌影响力及社会关注度等方面都取得了亮眼的成绩。

从古至今，人类从未停止过对生命极限奥秘的探索。在古代中国，前有秦始皇派蓬莱方丈求取长生不老药，后有唐太宗李世民号令天下采集诸药异石以配制不老药。但时至今日，人类仍未能真正发现长寿的秘诀。由此可见，对长寿的探索是一项非常复杂的工程，如同大自然在科学发展的今天仍然还有许多奥秘人类无法解密一样，人类对长寿的奥秘更是知之甚少。那么，如果能在本丛书中找到一些答案的踪迹，这对每一个追求长寿的人来说，就是一件值得庆贺与喜悦的事情。

本丛书的源起——《百寿探秘》栏目自2017年1月开始在播出期间相继关注采访了广西200多位健康乐活的百岁老人，编导们用镜头带领观众真实地探寻百寿老人的长寿秘诀。栏目组走遍了广西的27个“中国长寿之乡”，其中包含3个“世界长寿之乡”和2个“世界长寿市”，不仅用镜头向观众展示了上百例长寿美食和长寿秘诀，还对壮美广西的自然风光、人文风情、养生特产、家风家德和敬老文化进行全方位的展示。在栏目组走访的这些百岁老人中，有人出身书香门第，有人一生长居山林，有人曾立下赫赫战功，也有人到了晚年才苦尽甘来……不知是什么样的因素帮助这些百岁老人从清末民初一直生活到今天，最终得以成为这百年来历史文明发展的见证者。

长寿的秘诀到底是什么？是基因，是心态，还是早已习惯的某种生活方式或饮食习惯？或许百岁老人自己也未必能说清，但《百寿探秘》栏目用镜头客观地记录了这些百岁老人百年来的养生经验。以巴马瑶族自治县的百岁夫妻——101岁的张仕恩爷爷和103岁的杨兰英奶奶为例，尽管都已过百岁高龄，但两位老人性格开朗，身体健壮，干起家务活来毫不含糊。节目和书中对他们的长寿秘诀的记载极尽客观，无论是巴马青山林立、河水悠悠、清澈见底的自然环境，抑或是巴马人心无杂念、日出而作、日落而息、自得其乐的生活态度，还是南瓜饭、火麻油、山茶油等组成的日常饮食，百岁夫妻相携相伴近70载，相濡以沫，互敬互爱，堪称最鲜活的“婚姻保鲜教科书”。无论是栏目还是丛书，我们要做的就是忠实记录所见百岁老人的生活理念与生活习惯，用朴素的语言引导观众和读者领会长寿的秘诀。

本丛书的诞生就是为了更好地记录与传播栏目组走访过的百岁老人所积累的养生长寿经验，书中的记录虽是朴素的生活智慧，但细细品来却也不乏科学道理，或许能为观众、读者和相关研究者揭秘长寿之谜。那么长寿的秘诀到底是什么？是桂林兴安104岁的盘桂淑奶奶用草药养出的鳞甲鸡，是防城港103岁的何永秀奶奶在海边放养的海鸭产下的一枚枚鲜亮诱人的海鸭蛋，是来宾忻城103岁的蓝国欣爷爷天天食用养生又养颜的“珍珠粥”，是南宁102岁的潘新政爷爷的活用艾灸，是梧州蒙山102岁的彭荣才爷爷的全靠火烧，还是河池金城江102岁的兰小爱奶奶拍手拍出长命百岁的良好心态？……接下来就是属于读者们自己的探寻长寿之路了。

目录

探秘百寿故事
发现美食传奇
（视频·长寿食谱·交流圈）

果

蔬

汤

甜

凤山“仙姑”

陈奶腾，壮族，1915年生，家住河池市凤山县乔音乡怀里村。陈奶腾奶奶因懂得自己调养身体，至今仍面色红润，满头秀发，被当地人称为“仙姑”。

核桃、黑芝麻拌蜂蜜：

吃出百年健康与秀发

闫哲

探秘百寿故事
发现美食传奇
（视频·长寿食谱·交流圈）

初次见到陈奶奶，她正在家后面的山上捡柴火，背上背了大概20公斤的柴火，面带微笑，落落大方，慈祥地向我们招手。陈奶奶打开了头上包裹的壮族头巾后，我们发现她发质柔韧，还有不少黑发。陈奶奶说这与她每天都吃自制的核桃、黑芝麻拌蜂蜜有关。

"吃黑芝麻对头发好，多吃核桃睡得香，蜂蜜润肠又通便， 配在一起好吃又健康，这可是老祖宗留下来的食谱。"

——陈奶腾奶奶语录

据家人介绍，陈奶奶睡眠规律，睡眠时间一天至少10小时。每天午休起来后，她就开始自制美食。

- 将核桃切块后碾碎。
- 将黑芝麻焙干，碾碎。
- 用蜂蜜将碎核桃、黑芝麻一起搅拌后即可服用。
- 每天上午10点、下午4点各服用一次。

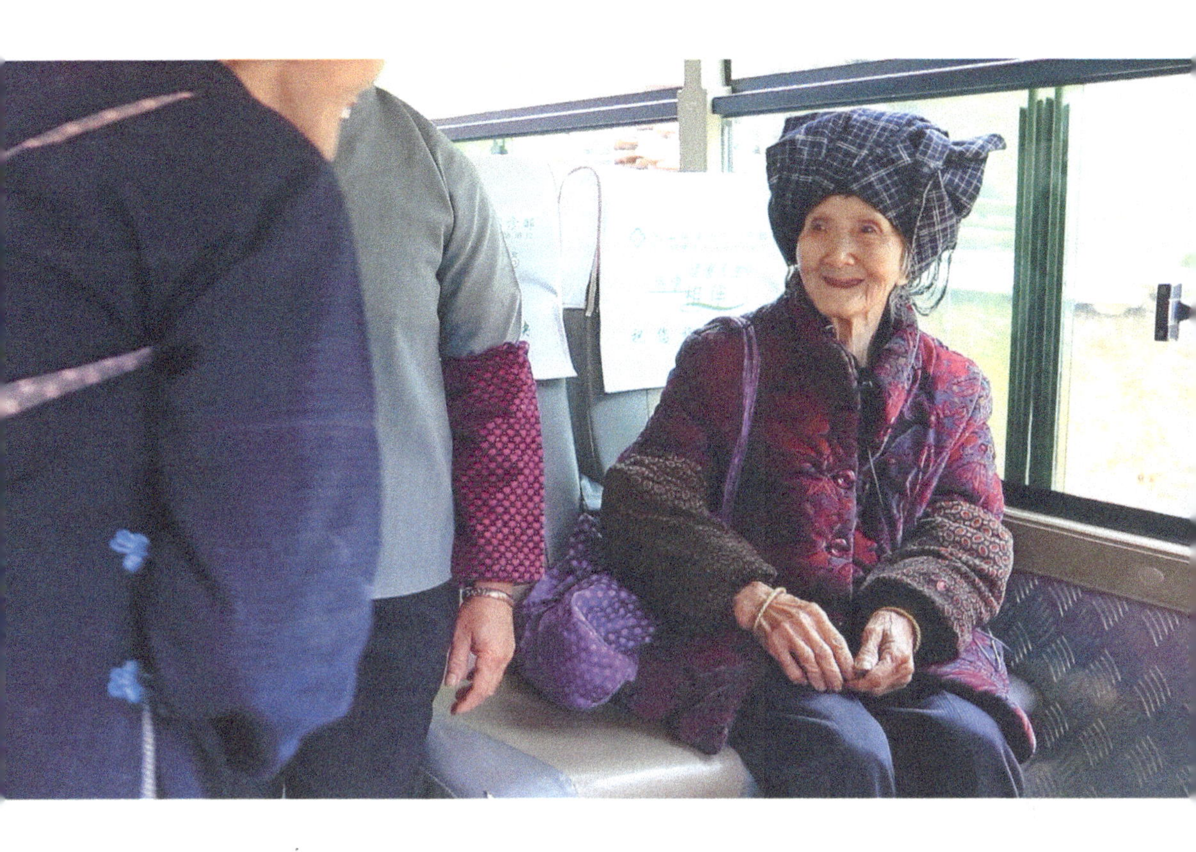

为了能每天吃上这道美食，陈奶奶每周要坐2小时的车去镇上购买原材料，连公交车司机都认识她："陈奶奶坐我的车就跟坐私家车一样，我知道她大概几点在站点等、几点回家，一般都刻意等她，从不收她的钱。她年纪这么大了还这么健康，这可是我们这个地方的福气。"陈奶奶每次在车上也说："都是大家照顾得好，每次出去都有这么多老朋友陪着，真开心。"有的乘客说："我们也跟陈奶奶去买黑芝麻、核桃，这些东西吃了能壮身体，小孩还爱吃。我家小孩以前常生病，咳嗽，吃了她的方子就好了。"

看似平常的食物，若长期食用，对身体会产生惊人的效果。陈奶奶平时自己上市场购买原材料，保证了食材的品质。

- 黑芝麻含有大量的脂肪和蛋白质，还含有糖类、维生素A、维生素E、卵磷脂、钙、铁、铬等营养成分。

- 黑芝麻所含脂肪为油酸、亚油酸、棕榈酸、硬脂酸、花生酸等高级脂肪酸的甘油酯，并含芝麻素、芝麻林酚素、芝麻酚、胡麻苷、车前糖、芝麻糖等。其中，芝麻素有抗病毒、抗氧化、治疗气管炎的药理作用。

- 黑芝麻味甘、性平，可用于补肝肾、益精血、润肠燥，还可用于治疗头晕眼花、耳鸣耳聋、润肤养颜、乌发润发、病后脱发等。

- 核桃含有丰富的营养素，如人体必需的钙、磷、铁等多种元素，以及β胡萝卜素、核黄素等多种维生素。

- 核桃味甘、性温，入肾、肺、大肠经，可补肾、固精强腰、温肺定喘、润肠通便，主治肾虚、喘嗽、腰痛。

- 蜂蜜能改善心脑血管血液循环，能促进肝细胞再生，对肝脏有维护效果，还有润肠通便、补水养胃的功效。

核桃、黑芝麻、蜂蜜三者搭配，让人吃得好，睡得香。俗话说，吃得饱，睡得着，生活才是幸福的；想得开，笑得出，生活才是快乐的。而陈奶奶就是这样长寿百年的。

爱吃“暗黑”料理的“甜蜜奶奶”

杨彩菊，汉族，1913年生，家住河池市巴马瑶族自治县县城。杨彩菊奶奶曾是巴马当地的著名媒婆，促成了至少80对有缘人的甜蜜爱情，而且她促成的婚姻如今都十分幸福美满，当地人称她为“甜蜜奶奶”，是巴马甜蜜、快乐的代言人。

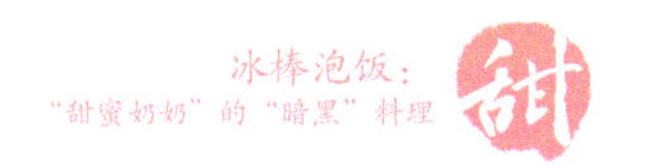

冰棒泡饭：

“甜蜜奶奶”的“暗黑”料理

探秘百寿故事
发现美食传奇
（视频·长寿食谱·交流圈）

闫哲

杨奶奶家如今已是五世同堂，她95岁生日时拍了张全家福，人数多达108人。

杨奶奶为人和善，平时总是笑呵呵的，朋友很多。杨奶奶年轻时喜欢串门，谁家孩子多大了，结婚了没，性格怎么样……她都了解得一清二楚，就这样，有意无意地就成了巴马当地的著名媒婆。她不但把自己子子孙孙的婚姻大事都包办了，还促成了至少80对有缘人的甜蜜爱情，其中年纪最大的一对有缘人如今已90多岁，家中已是四世同堂。杨奶奶特别享受帮别人解决婚姻大事的过程，能给别人带来帮助，她说自己的内心也是非常快乐的。杨奶奶促成的婚姻如今都十分幸福美满，因此当地人都称她为“甜蜜奶奶”。

杨奶奶曾经促成姻缘的夫妻带着子孙来看她

杨奶奶8岁便开始帮家里做农活，照顾弟弟妹妹。从前家里生活艰苦，连盐都不舍得吃，甜更是她一直向往的美味。后来生活条件好了，杨奶奶当上了媒婆，吃得最多的就是喜糖，每次吃糖总伴随着喜事发生，吃得她心里甜滋滋的。加上平时做农活时，兜里放颗糖，疲惫时吃上一颗能及时补充体力，于是杨奶奶就养成了爱吃甜食的习惯。

杨奶奶特别喜欢吃甜食，每顿饭都要有甜的，否则吃不下饭。而最令我们感到惊讶的是，无论春夏秋冬，她每天都要吃至少一根冰棒。

杨奶奶每天早上会吃很多蔬菜，一碗玉米粥，加一根冰棒。冰棒对于杨奶奶来说，算是一道配菜，她会把冰棒放到玉米粥中泡着吃，说这样吃起来感觉更美味。午饭时她也会把冰棒直接放入米饭之中，拌着米饭和蔬菜吃。

很多人都对此感到很惊讶并表示无法想象，但不管你信不信，杨奶奶就是这么吃的，而且还吃着吃着，吃到了长寿百年。

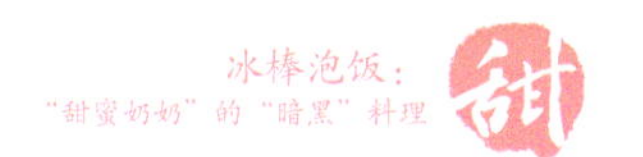

当时与我们一同去看望杨奶奶的还有位瑞士游客，他品尝过冰棒泡饭之后，却发出了再也不想吃冰棒的感慨。所以，担心发胖又无法拒绝冰棒诱惑的人，那就尝试一下用冰棒泡饭吃，或许这样就能戒掉冰棒了。

生于清朝的现代人

谢老元，汉族，1909年生，家住桂林市永福县龙江乡龙山村。身在“中国罗汉果之乡”，谢老元奶奶的长寿健康，当然与当地特产罗汉果密不可分。

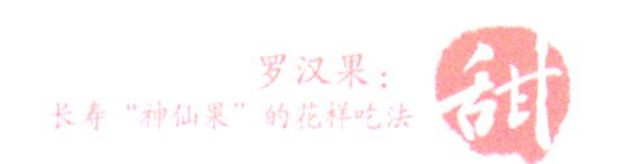

罗汉果：

长寿“神仙果”的花样吃法

探秘百寿故事
发现美食传奇
（视频·长寿食谱·交流圈）

龙思云

被人们誉为“神仙果”的罗汉果，是著名的桂林特产。全国有90%的罗汉果产自桂林永福和龙胜，其中永福种植罗汉果已经有300多年历史，为名副其实的“中国罗汉果之乡”。

在我们前往品质最好的罗汉果——长滩罗汉果的原产地永福县龙江乡寻找谢奶奶的路上，随处可见谢奶奶为罗汉果代言的宣传海报。109岁的谢奶奶是目前永福县年纪最大、身体最好的老寿星，她的房前屋后都栽满了罗汉果。她就是这“神仙果”当之无愧的代言人。

"我们的好日子就在青山里头。早晚凉快，平时也不闷热，空气还很好。这里种的罗汉果也长得好，结的果都是大果。"

——谢老元奶奶语录

“谢奶奶身体好，耳朵没聋，眼睛也还好，还可以上山下地呢！”谢奶奶带我们到村里的罗汉果加工厂参观时，工厂里的女工们都认得她。

谢奶奶年轻时是村里的生产队长，有一双选果的慧眼，她只需要看一眼果皮，就能判断出果子的好坏。

“偏黑的罗汉果没那么甜，黄色的罗汉果更甜，味道更正宗。”按照谢奶奶的判断标准，优质的罗汉果，果皮和果心的颜色比较淡，气味清香、无异味，泡出来的茶汤色较浅，口味纯甜，有天然的水果清香。

离开加工厂前，谢奶奶热情地往我们每个人怀里都塞了几个大大的罗汉果：“你们多拿几个罗汉果回去，多喝罗汉果茶才能和我一样长寿咯！”

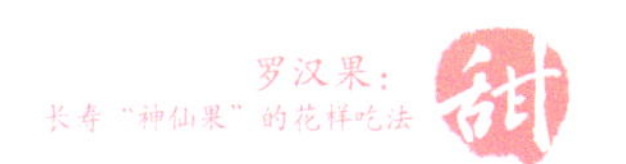

- 罗汉果被原卫生部列入国家首批药食同源（按照传统既是食品又是中药材物质）名单。

- 中医认为，罗汉果味甘，性凉，归肺、大肠经，有清热解暑、化痰止咳等功效，还可润肠通便。

- 现代医学证明，常饮罗汉果茶，对急慢性支气管炎、支气管哮喘、高血压等有显著疗效，还能起到预防冠心病、血管硬化、肥胖症等作用。

- 罗汉果所含罗汉果苷V甜度是蔗糖的300倍，产生的热量较低，是蔗糖的最佳替代品，适合糖尿病患者、肥胖者饮用。

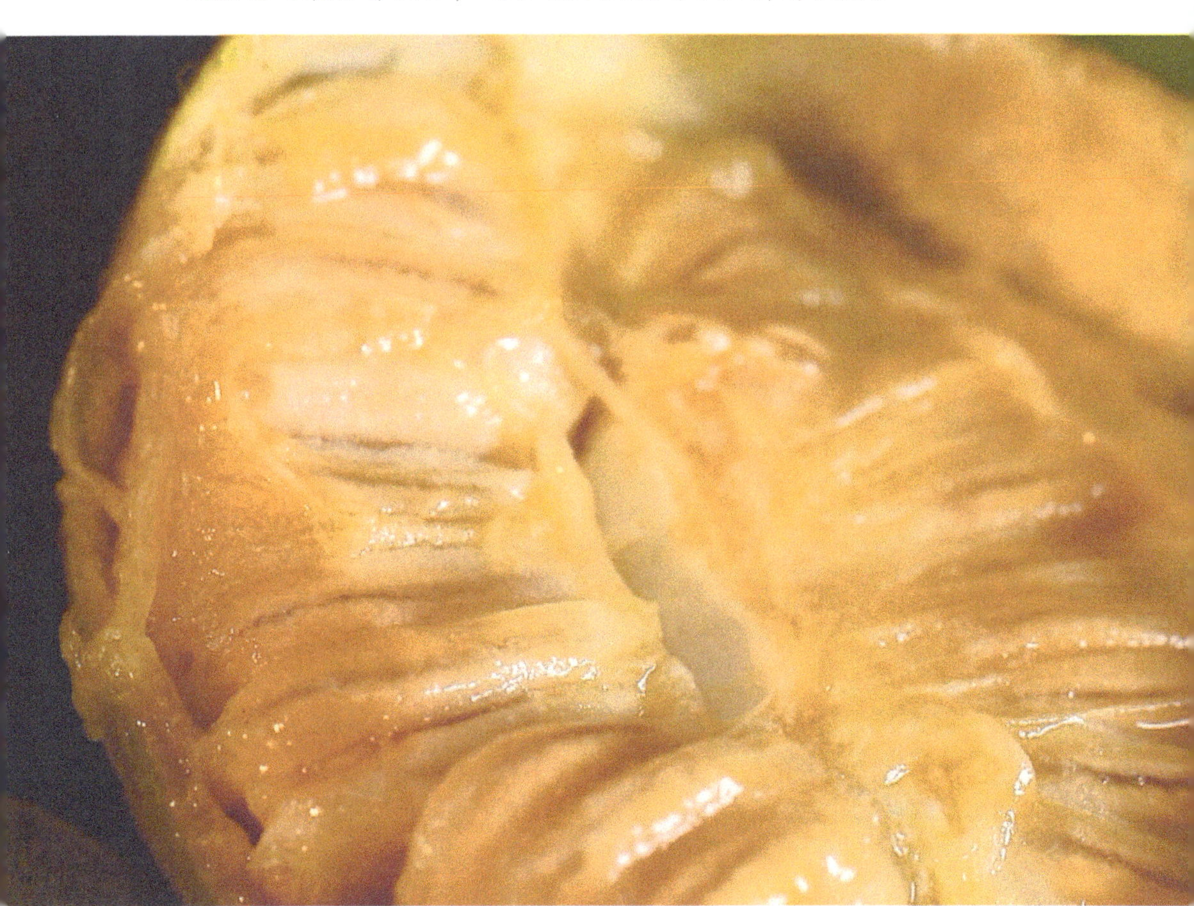

在永福，人人都会做地道的各种罗汉果美食。“罗汉果，煮水也行，做菜也行，好香好甜，我天天都吃。”谢奶奶看着正在厨房里忙活的儿媳妇，笑着对我们说。

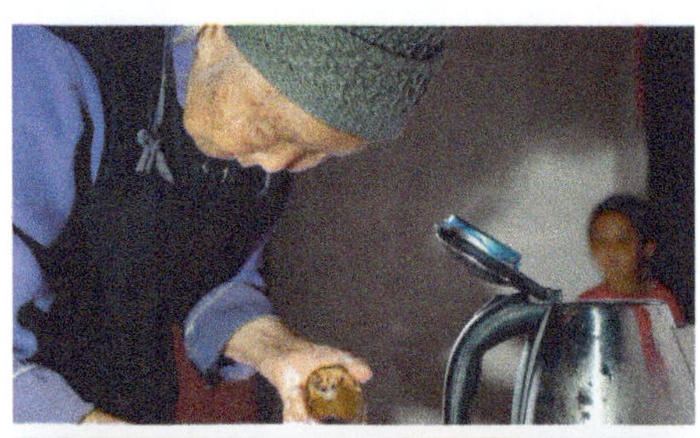

- 罗汉果茶：将罗汉果的果肉、果壳掰成小块放入壶中，加80℃热水焖泡15分钟左右即可。

- 罗汉果姜茶：生姜切成小片，罗汉果掰成小块，放到汤锅里，加入适量清水煮20分钟即可。

● 罗汉果酿肉：将猪肉和大米混合的馅直接塞入罗汉果中，高温蒸煮，待罗汉果的香味完全融入食物中即可。

● 罗汉果炒排骨：先将罗汉果的果肉与排骨一起翻炒，再加入辣椒与之一起再次翻炒至熟透，便又是一道甜甜的美味。

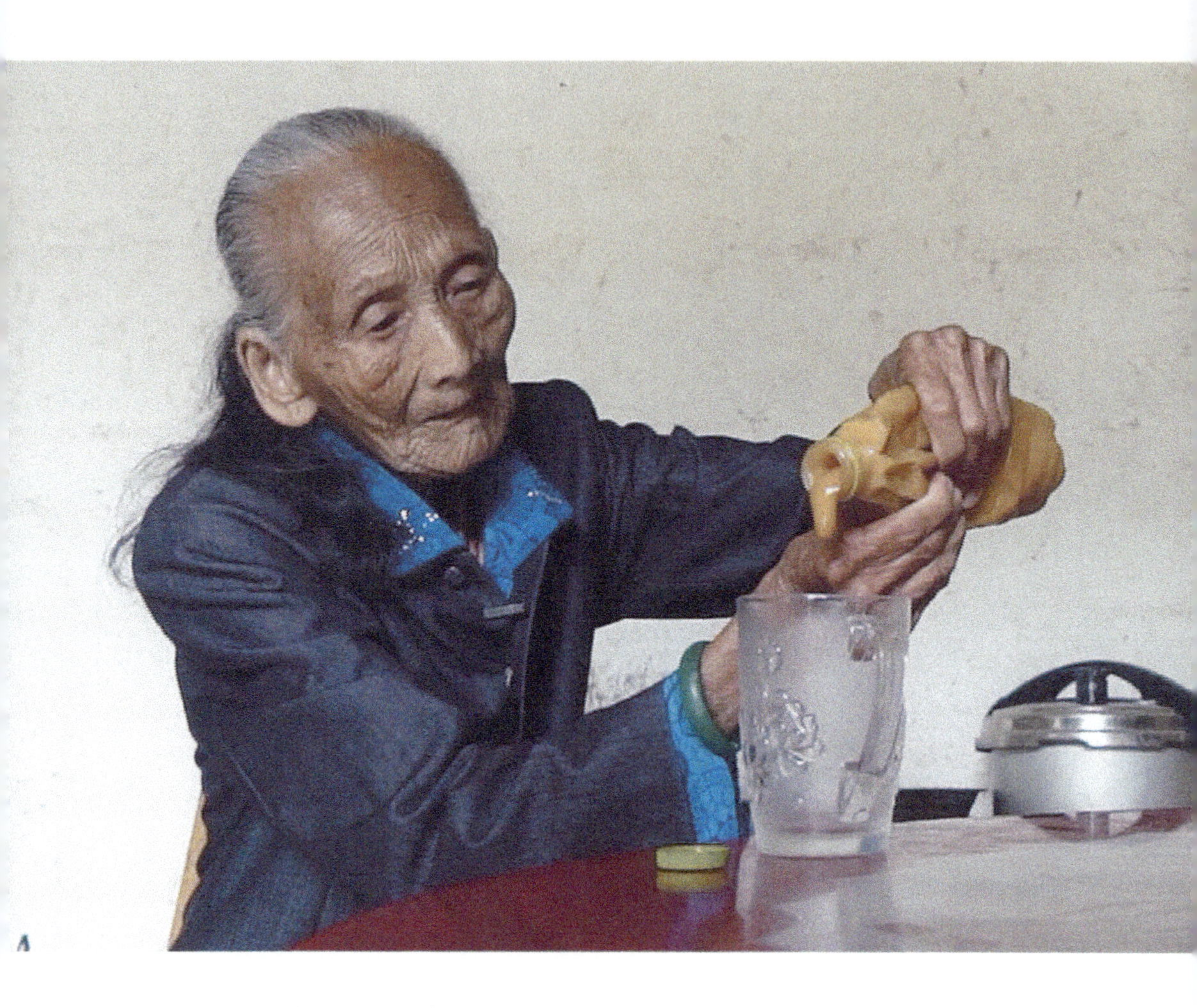

甜甜的“冻龄”奶奶

黄爱芳，壮族，1914年生，家住百色市德保县巴头乡多燕屯。如今仍精气神十足的黄爱芳奶奶最爱的就是赶集、逛超市、买零食，回家还能帮子女分担家务事，每天都闲不住。而黄奶奶的“冻龄”秘诀其实很简单：早晚饮一杯蜂蜜水。

蜂蜜水：
“冻龄”奶奶的养颜饮品

探秘百寿故事
发现美食传奇
（视频·长寿食谱·交流圈）

马晨珂

在周围的街坊邻里看来，黄奶奶不仅在这一带年纪最长，平时的穿衣打扮也最讲究。“她总是对穿衣服很在意，领子一定不能皱，头发也要梳好，还要用发箍弄得整整齐齐的。”黄奶奶的儿子黄大哥笑着告诉我们。

黄奶奶精气神很好，平日里在家还能剥玉米、采猪草，帮子女分担了不少家务事。除了干活，黄奶奶最爱的就是赶集、逛超市、买零食，连超市的老板娘都说：“黄奶奶经常来我店里买糖啊饼啊，就像小女孩一样，特别喜欢吃这些东西。”

我们好奇黄奶奶为何这么大的年纪还能有如此旺盛的精力，黄奶奶告诉我们，可能是因为她每天早上起床和晚上睡前都会喝一杯蜂蜜水，这个习惯她已经保持了10多年了。她认为蜂蜜水比较有营养，不仅有美容养颜的功效，喝了还有助睡眠，睡得好第二天才有精神。黄奶奶打趣地说道：“你们按照我这种喝法，各个也能100岁哦！”

- 现代医学证明，蜂蜜具有抗菌消炎、养肺润肠、解毒护肝、益脾养肾、改善睡眠、促进组织再生等功效。
- 中医认为，蜂蜜味甘，性平、微温，无毒，益气温中，润燥解毒，养脾胃，补五脏不足，通大便久闭。
- 蜂蜜还能提升人体免疫力，是良好的日常食疗、保健佳品。

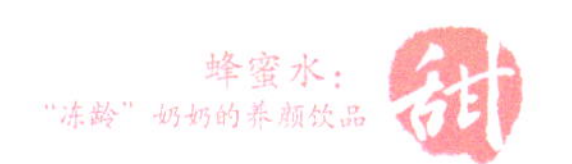

我们还发现，黄奶奶不仅爱吃普通的蜂蜜，还对一种特殊的蜂蜜情有独钟，那就是德保当地土蜂的蜂巢蜜。黄大哥带领我们找到了当地筑巢引蜂的养蜂人，让我们见识了蜂巢蜜的采集过程。

- 用烟熏蜂巢，持续3至5分钟。
- 待蜜蜂活性减弱时，轻轻地打开蜂箱，拉出片状蜂巢，选取隔年的老巢将其割下。
- 将割下的蜂巢切成小块，一部分放入纱布中反复挤压，榨出蜂蜜；另一部分则可连蜂巢一起直接嚼食，这就是蜂巢蜜。

养蜂人告诉我们，最好连蜂巢带蜜直接嚼着吃，这种最原始的吃法能直接吸收蜂巢蜜的营养，而且隔年的老蜂巢蜜对老人身体最好。对于给黄奶奶的蜂巢蜜，他从来都是分文不收的。

研究表明，蜂巢蜜除与普通蜂蜜有同样的成分和作用外，还有蜂蜡和少量的蜂胶，常吃可清洁口腔、保护牙齿，减轻并清除口腔溃疡和肿痛，还可预防鼻炎、肝炎、便秘。饮酒后嚼服蜂巢蜜，有解酒、护肝、润肺等特殊功效。

带着刚采来的蜂巢蜜，黄大哥在崎岖的山路上骑了近半个小时的摩托车才回到家里。看着儿子取蜜回来，黄奶奶心疼地把第一块沾满蜜的蜂巢递给了儿子。黄大哥告诉我们："老妈爱吃什么东西，不管多累，我做儿子的，肯定都要去帮她拿的。"

甜蜜之味的赋予者

黎奇兰，壮族，1917年生，家住百色市文明社区文化巷。黎奇兰奶奶持之以恒的锻炼造就了她硬朗的身体，加之子女们对她无比关爱，使她得以长寿百年。

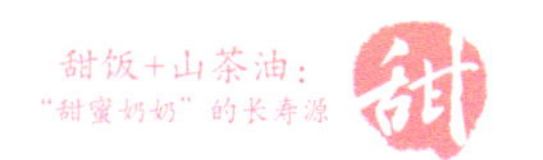

甜饭+山茶油：
“甜蜜奶奶”的长寿源

探秘百寿故事
发现美食传奇
（视频·长寿食谱·交流圈）

马晨珂

黎奶奶虽年事已高，但身体仍十分硬朗。她有一个雷打不动的习惯就是每天早上要走下六楼到自家的厨房里散步，每天固定走1200步，不多也不少。黎奶奶说这个习惯从2004年一直坚持到现在。我们都很好奇，就问奶奶为什么一定要是1200步。黎奶奶爽朗地笑了，说步数只是个数字，用来提醒自己不要忘记每天的锻炼而已。

黎奶奶不仅身体好还十分健谈。她告诉我们，自己得以长寿不仅仅是靠持之以恒的锻炼，还有子女们对自己的关爱。

黎奶奶和女儿一家住在一起，生活上主要由外孙女姚大姐照顾。在黎奶奶的卧室里，我们发现除了一张大床外，角落里还摆着一张小床。姚大姐告诉我们，由于三年前黎奶奶有一次起床时不小心滑倒，摔破了头，自此以后为了防止类似事情发生，她就搬了一张小床和黎奶奶同住一间卧室，这一住就没搬走过。

黎奶奶爱吃水果，家里就保证每天都有新鲜水果；黎奶奶爱吃海鲜，孩子们就专程从北海给她带来时令的海产品。75岁的姚嘉绍是黎奶奶的女婿，他告诉我们，家中一代一代传下来的都是以孝为先的传统，作为长辈更要做好表率，言传身教，只有这样才能以此教育好下一代。子女孝老，长辈爱亲，这是我们在黎奶奶家中最直观的感受。

"甜蜜奶奶"甜蜜的爱

黎奶奶的曾外孙们告诉我们，奶奶对于他们来说是甜蜜之源。在我们好奇地追问下，才得知原来他们口中的"甜蜜"源自一种美食——甜饭。

甜饭是百色地区一道传统小吃，由糯米、豆沙等原料蒸制而成。黎奶奶年轻时做过甜品生意，制作甜饭可是她的拿手好戏。她说，当年自己家的甜饭是百色之最，而如今这百色最好吃的甜饭则成了黎奶奶和曾孙辈之间甜蜜的纽带。

传统甜饭用料繁多，工序复杂。

- 选取新鲜红豆，冲洗干净，上笼蒸熟后再将其磨成豆沙。
- 将糯米蒸熟，同猪油、白糖一起拌匀。
- 在小碗底部铺猪网油，放入豆沙，盛入拌好的糯米饭，点缀百合、枸杞、核桃等配料，上锅高温蒸制15分钟即可。

黎奶奶告诉我们，制作甜饭必须严格遵守旧时的制作方法，猪油、白糖、糯米的比例必须是 1∶1∶3，这样做出来的甜饭口感才会格外香甜软糯，糯米的香糯、百合的清甜、核桃的香味合在一起，让人欲罢不能。难怪黎奶奶的曾外孙说：“祖祖做的甜饭是全宇宙第一！”

姚大姐告诉我们，孩子们爱吃什么东西，黎奶奶都记在脑子里，每次孩子们回来前，她都会早早准备好他们爱吃的东西。因此对他们来说，甜饭的滋味就是儿时的味道，或甜蜜，或温暖，伴随着他们走过点滴的时光。而黎奶奶，正是这甜蜜之味的赋予者。

吃了百年的“神油”

黎奶奶还告诉我们，她们家的油可不一般，用的都是山茶油。“山茶油本身是一种不上火的油，还比较有营养。我们家一直都用山茶油。”黎奶奶说。

- 中医认为，山茶油性偏凉，凉血止血，清热解毒。主治肝血亏损，驱虫。益肠胃，明目。
- 现代医学研究证明，山茶油富含维生素、山茶甙，以及锌、钙等人体必需元素。
- 山茶油所含丰富的亚麻酸是人体必需而又不能合成的营养素，有抗癌、强心作用，长期食用能抑制衰老，对慢性咽炎和预防人体高血压、动脉硬化、心血管系统疾病有很好的疗效。

“我们家祖祖都是吃山茶油的，我觉得我们家祖祖能活100多岁，也是吃山茶油吃出来的。”黎奶奶的外孙女笑着说。

“可爱奶奶”

兰小爱，壮族，1916年生，家住河池市金城江区东江镇里仁村。兰小爱奶奶是村里的“老可爱”，不仅心态年轻，身体也是棒棒的，这和她的饮食习惯可分不开。

鸭把菜：
捆绑出来的河池特色菜

探秘百寿故事
发现美食传奇
（视频·长寿食谱·交流圈）

龙思云

广西人爱吃鸭，但桂南、桂北吃鸭的方法大不相同。桂南爱吃白切鸭、烧鸭和柠檬鸭，桂北则爱吃醋血鸭、啤酒鸭等。

都说河池人“无鸭不过秋”。每年农历七月初七、七月十四、八月十五等重大节日，河池人家的桌上总少不了一道特色乡土美食——鸭把菜。

鸭把菜，简单来说就是将鸭内脏与多种配料捆扎在一起，以鸭血为酱料，点蘸食用的菜肴。鸭子是这道菜当仁不让的主角。年过百岁还亲自养鸭的兰奶奶，热情地告诉我们她的选鸭秘诀：“制作鸭把菜一定要用土鸭。而且选老不选嫩，老一点的鸭肉好吃，嫩的还不够甜。虽然老鸭肉味道好，但营养不够，刚生完孩子的人更适合吃嫩鸭肉。……”

鸭血味咸，性寒，有补血解毒的功效。在金城江，鸭血可不仅是配料，还能担当餐桌上的主角。一碗醋血鸭酱，就是鸭把菜的灵魂所在。

- 取新鲜的鸭血，直接加入盛着藠头酸水的碗中。
- 将鸭血下锅，加入辣椒、姜、蒜末翻炒，制成醋血鸭酱。

健谈的兰奶奶还不忘继续开她的小课堂："泡过藠头酸水的鸭血不会凝固，又能去腥除味，这种独特的味道可是市场上卖的那些瓶装醋没法比的。"

"我年轻时就喜欢自己包鸭把菜吃。"兰奶奶告诉我们。如今已经四世同堂的兰奶奶再也不需要自己动手，然而在孙媳妇包鸭把菜的时候，兰奶奶还是忍不住在一旁指导："这个菜一定要放的，别忘了。"

鸭心、鸭肝、鸭胗、鸭肠、鸭血粑、酸姜、黄瓜、雪梨、煎蛋皮，还有独门香草"鸭仔香"……鸭把菜清爽的口味，来源于其丰富的配料，各种微妙的味道各司其职，在一包一捆之间，碰撞出其独特的清新口感。

- 鸭胗、鸭肠、鸭心、鸭肝等煮熟备用。
- 鸭血与糯米混合后摊平，蒸熟后切条，这就是"鸭血粑"。
- 根据个人口味，将酸姜、黄瓜、雪梨、煎蛋皮等配料切成筷子粗细的条状。
- 荤素原料各取一份，搭配一片"鸭仔香"，用韭菜捆扎成一把。
- 食用时，蘸取醋血鸭酱，一口吃下，清新爽口，回味无穷。

"你们不要把菜做得太好吃，不然我就想多吃一碗饭了。除了石头我不吃，什么我都想吃。吃得多才有力气嘛！"

——兰小爱奶奶语录

百岁歌王+老中医

林秀英，汉族，1918年生，家住钦州市灵山县新塘村。林秀英奶奶爱唱山歌，是村里最厉害的歌王，几近绝迹的山歌“还叹调”，灵山当地只有林奶奶能唱。林奶奶还是一位老中医，是当地有名的“烧火婆”，常年为人烧艾治病。此外，林奶奶精于保养，喜欢食用鱼类。

黑鲩鱼：

食材里的“脑黄金”

探秘百寿故事
发现美食传奇
（视频·长寿食谱·交流圈）

莫耀瑛

林奶奶一见面就跟我们说：“我讲些‘古’（方言，谜语）给你们听。‘有眼没有眉，有翅不能飞。’你们猜猜是什么？”

这可把我们难倒了，猜了半天也没猜出来，直到林奶奶公布答案，我们才恍然大悟。“是鱼啊！哈哈！”林奶奶解释说，“鱼有一双眼睛却没有眉毛，有鱼翅但不能飞，你说是不是？”

这是林奶奶打小听来的谜语，也不知道流传了多久。如今林奶奶也已百岁有余，这谜语的年纪可不会比她小。这谜语通俗易懂，简短有趣，林奶奶记在心中这么多年，也是记忆力惊人。为了证明她的好记性，林奶奶还给我们现场背诵了一段在两广地区流传甚广的童谣。

“团团转，菊花园，阿妈叫我去看龙船。我不去看，去看鸡仔。鸡仔大，捉去卖。卖得三百六十钱打金钩，二百六十钱打银牌，公公婆婆出来拜，拜得多没奈何。一盆酒，两对鹅，走出江边等外婆，外婆不出屋，等二叔，二叔骑白马，二婶骑冬瓜。冬瓜掉鱼塘，摸摸得个大槟榔。月光娘，下凡耍，又有槟榔又有茶，茶在深山开两耳，槟榔树上未开花。”

这是一段用粤语来念的童谣，句句押韵，朗朗上口，林奶奶现在还能一字不落地背出来，她的记忆力实在让人佩服！

林奶奶说，她超群的记忆力得益于常年食用鱼类，尤其是她钟爱的黑鲩鱼。她的小儿子麦明新承包了一个鱼塘，塘里最大最好的鱼总舍不得卖，全孝敬给了老母亲。麦明新说：“我妈最爱吃鱼，每顿饭都要吃。所以我经常从鱼塘给她捞鱼回来，有时清蒸，有时红烧，她都喜欢吃。她最爱吃的是黑鲩鱼。”

- 鱼类营养丰富，是众所周知的长寿食品。
- 鱼肉中富含蛋白质和多种营养物质，可以预防心血管疾病，降低胆固醇。
- 鱼肉、鱼眼、鱼鳞中DHA含量丰富，DHA是一种对人体非常重要的多不饱和脂肪酸，是神经系统细胞生长及维持的一种主要元素，对视觉、大脑活动、脂肪代谢、胎儿生长及免疫功能和避免老年痴呆症都有极大作用，被人们称为“脑黄金”。
- 人体自身很难合成DHA，需要靠摄入来补充。

林奶奶钟爱的黑鲩鱼可是一道长寿美食，还可以“一鱼多吃”，鱼头可煲汤，鱼身煎、炸、炒、炖皆可。说起吃鱼，林奶奶也有歌要唱：“头上穿针针带线，砧板切鱼鱼带鳞。离了爹娘千多晚，离夫一晚就头晕。”这歌里，鱼只是个引子，引出来的却是盼望丈夫回家的脉脉情意。

“唱这首歌好害羞啊！哈哈哈！”林奶奶又乐了。

五世同堂大家长

黄国枚，汉族，1913年生，家住贺州市平桂区黄田镇东水村。黄国枚奶奶家可是一个五世同堂的大家庭，她最小的女儿才50岁。

黄田扣肉：

拉近家人情感的“情意绵绵肉”

探秘百寿故事
发现美食传奇
（视频·长寿食谱·交流圈）

蒋婕

农历二月初九这天，对于黄田人来说，其热闹程度不亚于过年。而黄田扣肉是黄田镇“二月九”宴席上必不可少的一道菜。

黄奶奶向我们介绍说，黄田扣肉的与众不同在于“双扣”，就是用两块没有切断的五花肉将油炸过的芋头夹在中间，用本地瓷窑烧制的土瓷碗蒸制出来，吃起来绝对是肥而不腻，入口即化。

- 芋头性平，味甘、辛，有小毒；益脾胃，调中气，化痰散结；可治少食乏力、久痢便血、痈毒等病症。
- 芋头所含的矿物质中，氟的含量较高，具有洁齿防龋、保护牙齿的作用。
- 芋头中含有多种微量元素，能增强人体的免疫功能，可作为防治肿瘤的常用药膳主食。
- 芋头可蒸食或煮食，但必须熟透方可食用。

黄奶奶年事已高，家里制作黄田扣肉的重任便交给大儿子全权负责。黄奶奶说，选择芋头也是有讲究的，只有黄田树林里的野生槟榔芋才是最佳食材。而且，最关键的肉腌制过程，全程得由黄奶奶来把关，颜色腌得正不正只有黄奶奶的“火眼金睛”能看出来。

- 黄田扣肉重在甜口。腌制五花肉时先用牙签在肉皮上戳一些小洞，然后放入冰糖和一些调料腌制20分钟，至冰糖完全融入肉里。
- 架锅热油，放入五花肉炸至两面都呈金黄色，再将芋头切块放入热油中，炸至表面结成硬壳。
- 把切好的五花肉夹住芋头块摆盘，并淋上调好的蚝油、生抽。
- 在锅内烧开水，放入整盘扣肉，加盖隔水蒸60分钟即可。

每次大儿子做好扣肉后，黄奶奶总忍不住吃上两块。香甜软糯的扣肉，老人家能嚼得动，小朋友也不嫌腻。虽然现在扣肉已不是只有在过年时才能吃上，但是那一碗黄田扣肉，依然是拉近家人情感的载体。

“好吃的扣肉是做出来的，每个人做扣肉的手法不一样，没有评判标准，开心最重要。”

——黄国枚奶奶语录

百岁瑶族养鸡婆婆

盘桂淑，瑶族，1914年生，家住桂林市兴安县漠川乡。盘桂淑奶奶亲自养了不少当地特有的鳞甲鸡，加上她从山里找来的草药黄花倒水莲炖出来的鸡汤，这就是盘奶奶独家的长寿美食。

鳞甲鸡：

用草药养出的美味“战斗鸡”

探秘百寿故事
发现美食传奇
（视频·长寿食谱·交流圈）

邓丹阳

漠川乡平均海拔达到1000米以上。在这里生活的瑶族人喂养了一种神奇的鳞甲鸡，颜值高，味道好，是难得一见的品种。

初次见到鳞甲鸡是在盘奶奶家里。这种鸡羽翼丰满，浑身羽毛向外翻卷，好像穿着盔甲一样。盘奶奶告诉我们，鳞甲鸡只在当地才有，以前都是在大山里到处跑的。现在饲养鳞甲鸡的家庭已经很少，因为这种鸡数量稀少，而且饲养起来不容易，存活率极低，平均五只小鸡仔才能存活一只。

盘奶奶平时喂养这些珍贵的鳞甲鸡，用的可是她自制的特殊饲料。她亲自到自家周围的山坡去挖草药，掺和自家种植的粮食来给鸡喂食。

盘奶奶还用她独家自创的方法来训练她养的这些鳞甲鸡，就是让孙子找来养殖蛇，训练鳞甲鸡的胆识。经过日复一日的特殊训练，鳞甲鸡从刚开始的四处躲闪，发展到后来会主动攻击养殖蛇。

- 鳞甲鸡为高寒山区的珍贵稀有品种。
- 上百种天然草本植物做饲料，加之原始喂养模式，使得鳞甲鸡既有野鸡的味道，又有家鸡的口感。

对如此出类拔萃的鳞甲鸡，盘奶奶食用的方法也非常特别。她每次吃鳞甲鸡，都要去大山里找一种名为“黄花倒水莲”的草药，一起下锅。黄花倒水莲性味甘、微苦，有补益气血、健脾利湿、活血调经等功效。

- 待清水烧开后，将黄花倒水莲放在鸡块中一起进行烹煮，不添加任何作料。
- 这样煮出来的鸡汤透亮，无明显油痕，味道甘甜清爽，鸡肉有嚼劲。

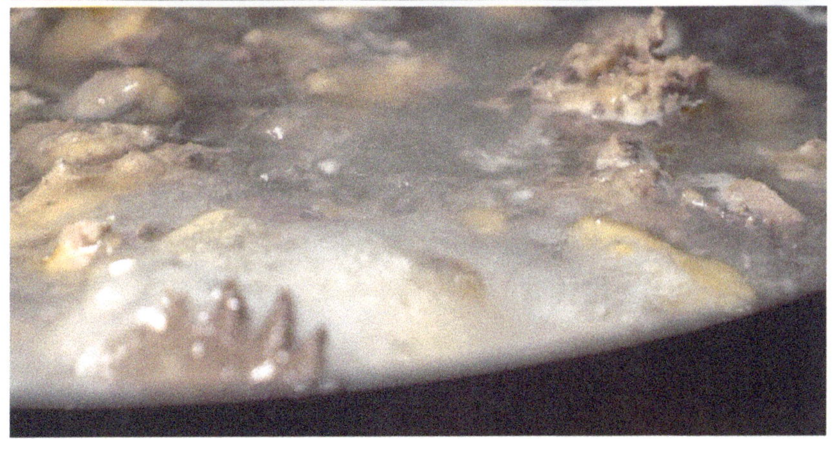

常炖“不老肉”的百岁老中医

廖旭光，汉族，1916年生，家住岑溪市糯垌镇塘坡村。廖旭光爷爷平时最爱做的事情就是跟每个人分享他自创的“不老肉”。

猪肉煲：

百岁老中医的“不老肉”

探秘百寿故事
发现美食传奇
（视频·长寿食谱·交流圈）

蒋婕

廖爷爷是廖家的第三代中医。村里人有什么不舒服就喜欢找廖爷爷把把脉，看一看。遵守医德是廖爷爷恪守的信条，给村里人看些小病小痛，他从不收任何费用。

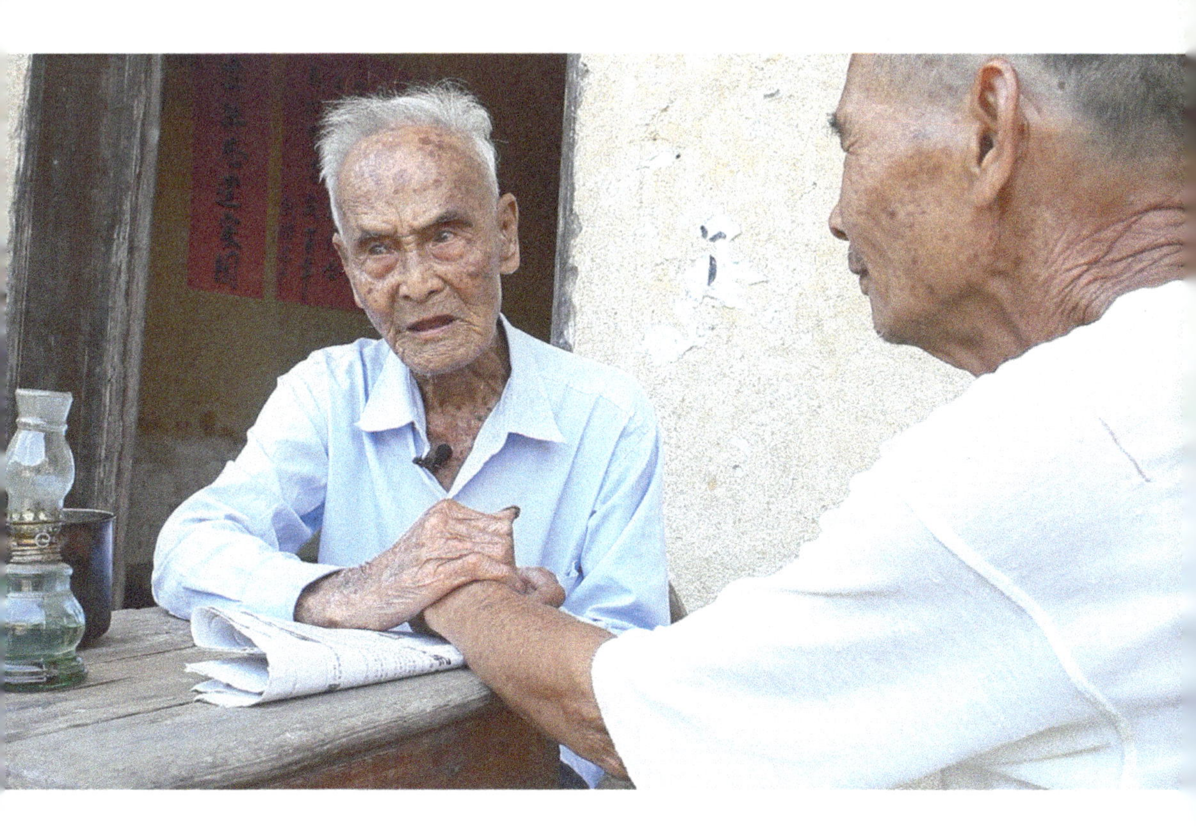

来到廖爷爷家时，距离午饭时间还有一小时。廖爷爷已经做好了准备，要让我们见识一下他自创的“不老肉”。我们带着满心的好奇，看着廖爷爷开始制作他的“不老肉”。

- 将猪肉放入煲中，加入水及少许盐。
- 用文火炖60分钟，中途搅拌两次。

在优哉游哉等待的时间，闲不住的廖爷爷不停地跟我们聊天，他说：“什么都不可以放，豆豉不行，老抽不行。就是放水煲，硬煲！”

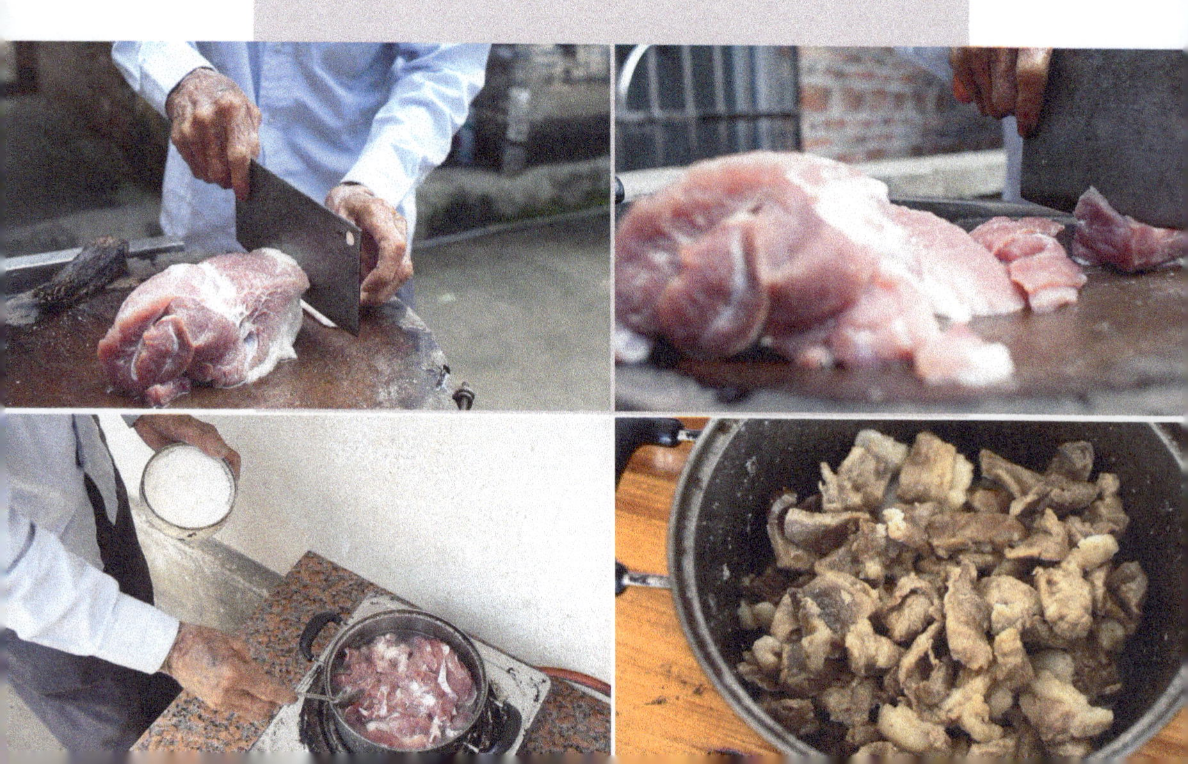

猪肉煲炖好了，只见廖爷爷以熟练的手法，把煲放到了房间的门梁上。廖爷爷一边放，一边和我们解释道：“不用盖锅盖，不会闷坏的。这样才通风，因为下面的空气压力大，上面热，这样吹风能保质。”原来这门梁竟然是廖爷爷的“纯天然冰箱”。他说，在平均气温高达30多摄氏度的夏天，这门梁上的猪肉煲可以保持两天不变质，所以叫“不老肉”。这可是廖爷爷自创的食物保质法。他还说，这一锅肉可以分四餐吃，肚子饿了，就从门梁上拿下来再煲一煲，就可以吃了。

吃独食这种行为，绝对不会发生在廖爷爷身上，他最高兴的就是让每个人都能品尝到他的原创作品。村里常有许多客人来一起分享廖爷爷的独门美食，每一位客人在廖爷爷眼中都是小孩，为了表现对晚辈的关爱，他恨不得夹起一块块肉送到他们的嘴里。“不老肉”是一份奇特的美味，也是廖爷爷待人待物的“不老智慧”。

“老人都是爱晚辈的，都是自己的亲人，发挥余热咯。”

——廖旭光爷爷语录

用“过期”美味待客的奶奶

杨奶条义，苗族，1912年生，家住柳州市三江侗族自治县同乐苗族乡孟寨村。在杨奶条义奶奶家里，有一份特别的“过期”美味。

酸鸭酸鱼：
一份“过期”的美味

探秘百寿故事
发现美食传奇
（视频·长寿食谱·交流圈）

傅准　侯幽　周金兰

任何食物都有一定的保质期，可杨奶奶家的这个美味，却可以“超长待机”，这就是她腌制的酸鸭、酸鱼，这可是苗家人的待客佳肴。苗家人从前靠打猎为生，能打到的猎物时多时少，为了更好地储存食物，聪明的苗家人便将其腌制保存。腌制后的肉类不仅能长时间内不腐不烂，吃起来味道还鲜美可口，既可直接食用，亦可煮食。有些腌制肉类甚至可以存放数十年，时间越长味道越好。

虽然时至今日苗家人已经不再需要依靠上山打猎来取食，但是腌制肉类的习惯依然保留着。年关已到，田里的鱼儿正肥美，那可是最好的美味，即使天气寒冷，也阻挡不了苗家人对美食的渴望，抓上几条肥鱼，一部分拿来煮食，剩下的拿来腌制，待来年再品尝。

苗家人热情好客，我们到访时杨奶奶把自己腌制了两年的酸鸭拿了出来，请我们品尝。“很咸，像是吃了一大口腐乳！”尝了一口之后，我不禁吐着舌头发出如此感慨，口感这样复杂，想是这辈子都不会忘记这个特别的美味了。杨奶奶笑了：“你可不能空吃这个，要和着其他东西吃咧。”

- 鸭肉的蛋白质含量比畜肉的蛋白质含量高得多。
- 鸭肉中含有较丰富的烟酸，烟酸是构成人体内两种重要辅酶的成分之一，对心肌梗死等心脏疾病患者有保护作用。

我们好奇地向杨奶奶请教酸鸭、酸鱼的做法，杨奶奶乐呵呵地给我们开起了“培训班”。

- 将鸭、鱼剖好，除掉内脏、鱼鳃等，然后按照一定比例在其身上抹一层盐。
- 将抹好盐后的鸭、鱼装坛，坛子必须是可密封的，且内部保持干燥。
- 将鸭、鱼装满坛子后，再铺一层酒糟或糯米饭，或者放一些辣椒等作料，压实，盖上盖子。
- 在盖子上再压一块坛石，然后放置阴凉处。

杨奶奶讲完制作过程后，还不断地向我们唠叨一些注意事项，如冷天和热天的抹盐比例不同，热天盐要抹得多些；要检查好坛子是否完全密封，一旦漏风，鸭、鱼便会变质、腐烂；等等。

车螺粥：

明目清肝的大海味道

高健　周金兰

探秘百寿故事
发现美食传奇
（视频·长寿食谱·交流圈）

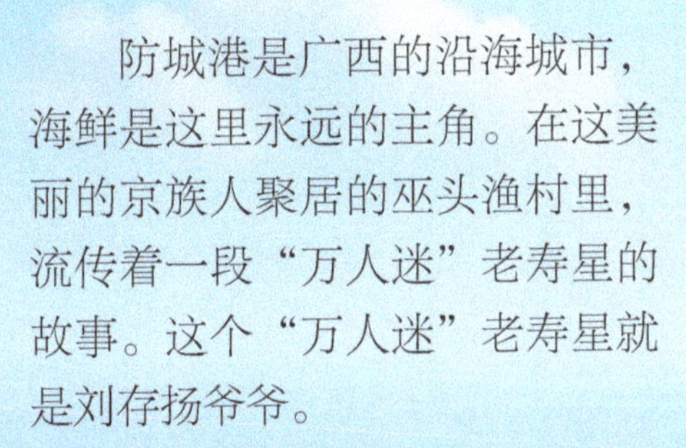

防城港是广西的沿海城市，海鲜是这里永远的主角。在这美丽的京族人聚居的巫头渔村里，流传着一段“万人迷”老寿星的故事。这个“万人迷”老寿星就是刘存扬爷爷。

“万人迷”海鲜大王

刘存扬，京族，1916年生，家住防城港市东兴市巫头渔村。刘存扬爷爷是村里出了名的“万人迷”海鲜大王。

听村民说，刘爷爷很爱唱歌，年轻时他就是“京族三岛”上有名的“歌王”，虽然如今唱功已不及当年，但那颗爱唱歌的心还在，热情依旧，每天他都会高歌一曲，算是致敬当年。

刘爷爷还是名副其实的海鲜大王。作为中国唯一的海洋少数民族，京族人餐餐都离不开海鲜。会吃，还要会选，刘爷爷可是选海鲜的高手，螃蟹一捏就知胖瘦，一看螃蟹肚子就知公母。“按住这里，如果是硬的就是胖的，如果是软的就是瘦的。”刘爷爷拿着螃蟹教我们如何挑选最好的螃蟹。都说实践是检验真理的唯一标准，以刘爷爷对海鲜的知识量来看，海鲜肯定是没少吃，而且应该是从小吃到大，经验非常丰富。

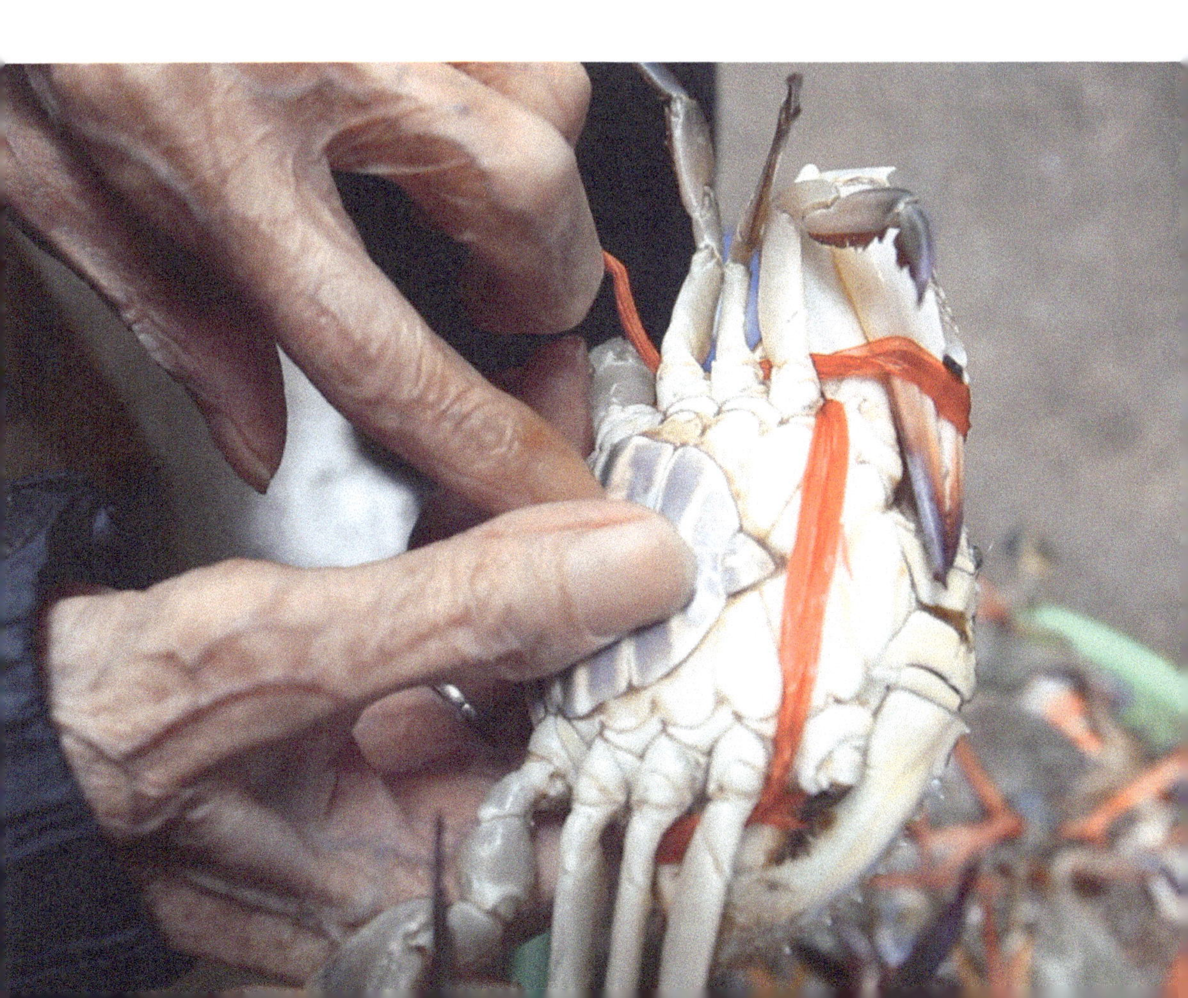

爱吃海鲜的刘爷爷说他平常最爱吃的就是车螺粥。

- 《本草纲目》载，车螺“可治疮、疖肿毒，消积块，解酒毒”。
- 食用车螺，有润五脏、止消渴、健脾胃、治赤目等功效。
- 车螺肉质白嫩，含有人体必需的氨基酸、蛋白质、脂肪、碳水化合物、钙、铁以及各种维生素等成分，深受食客喜爱。
- 车螺的吃法多种多样，清蒸、爆炒皆是美味，而车螺粥就是京族人喜爱的一种做法。

在采访期间，刘爷爷一直张罗着要给我们做车螺粥吃。

- 将车螺去壳，再用清水反复冲洗螺肉，洗出沙子。
- 将螺肉放入熬好的滚烫的粥中，辅以大火搅拌5分钟。
- 出锅前放入葱、姜去腥即可。

刘爷爷煮的车螺粥清甜香滑，营养丰富，其味鲜而不腻，百食不厌。喝下一口车螺粥，口腔里全是大海的鲜味，完美诠释了大海的味道，让人忍不住想一口生吞了整个大海。

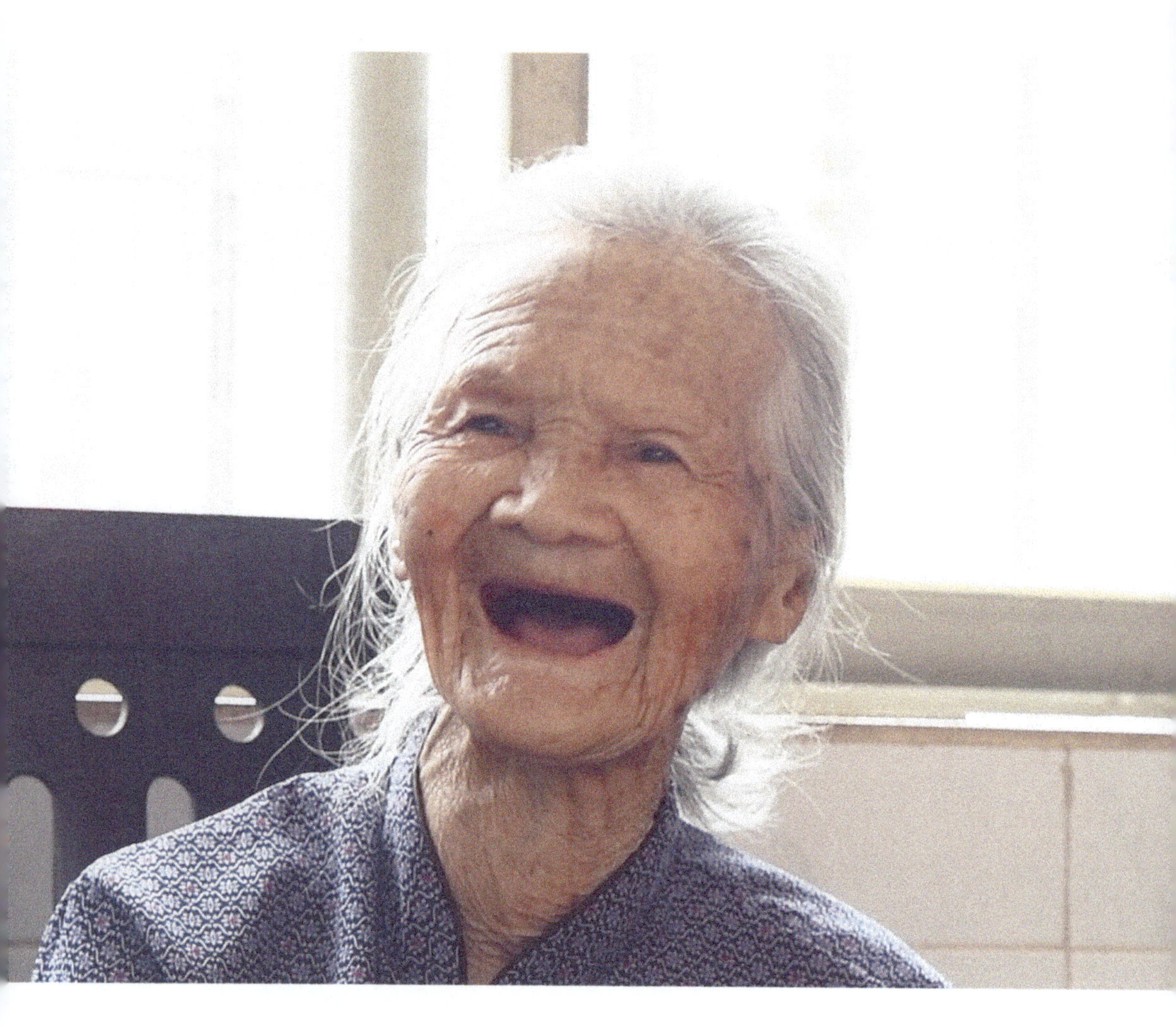

“康养之都”的“长寿之星”

邓现仁，壮族，1912年生，家住崇左市扶绥县柳桥镇岜留村。邓现仁奶奶如今仍身体硬朗，生活完全能够自理，煮饭、做菜、洗衣都难不倒她。

柠檬鸭：

维系家人浓情的桂系长寿菜

探秘百寿故事
发现美食传奇
（视频·长寿食谱·交流圈）

蒋婕

“中国长寿之乡”扶绥县还被誉为“康养之都”，生活在这里的人们自在乐活。

邓奶奶和孙子一家住在一起。邓奶奶虽已百余岁高龄，如今仍身体硬朗，生活完全能够自理，煮饭、做菜、洗衣都不在话下。邓奶奶平时还有个特殊的小帮手——阿梅。阿梅是奶奶的曾孙女，已经20多岁了，是一名唐氏综合征患者。阿梅的母亲在三年前去世，阿梅的父亲时常在外打工，一个人撑起了这个五口之家，阿梅从小就是邓奶奶一手带大的。邓奶奶在生活中无微不至地照顾着阿梅，阿梅也常常帮她煮饭、做菜、洗衣，打打下手，两人相依为伴。

每当阿梅去洗衣，在小溪边玩耍忘了时间，邓奶奶总会在门口呼唤她的名字，要不就到小溪边找她：“阿梅啊，回来喽——”

邓奶奶说：“我的儿子已经不在了，就他（阿梅的父亲）一个顶梁柱。他很累的，还有三个孩子要养，就阿梅年纪大一点，但也干不了重活。唉，我也老了……”因此，邓奶奶总是在帮忙做些力所能及的事，哪怕只是很小很小的事。

我们到邓奶奶家的那天是端午节，正逢阿梅的父亲难得的休息日，他决定为邓奶奶和孩子们大显身手，做邓奶奶最喜欢吃的柠檬鸭。阿梅为此也拿出她腌制了两年的酸柠檬。邓奶奶告诉我们，她最爱吃的就是柠檬鸭了，这100多年来，她吃了上千只鸭子，是特殊的烹煮方法让她延寿百年。

- 将整只鸭子放在水中煮至全熟后捞出，可以放些葱和八角一起煮。
- 将腌制好的柠檬去籽、切碎，放入蒜片、黄皮果一起搅拌。
- 将香菜、薄荷、葱、紫苏切细，放在一旁备用。
- 将煮熟的鸭子切块，倒入一个大碗中，再将所有配料倒进去，拌匀即可。

扶绥地道的柠檬鸭，融合了腌制的酸柠檬稠腻的汁和黄皮果等众多调料所带来的酸爽口味，正适合夏天解暑。

一家人能好好地在一起吃一顿饭，已是弥足珍贵。家也许只是一间冒着炊烟的小木屋，但幸福就是这么简单。

果

六世同堂大家长

张春红，汉族，1916年生，家住百色市乐业县同乐镇。张春红奶奶对于水果可谓“来者不拒”，而本地出产的猕猴桃更是她的心头好。

猕猴桃：

百岁奶奶强力推荐的水果之王

探秘百寿故事
发现美食传奇
（视频·长寿食谱·交流圈）

杨敬师

张奶奶是我们拍摄过的唯一的六世同堂的百岁老人。

最初听当地向导介绍她的时候，我们的心中都充满了好奇，102岁就可以六世同堂了？可到了张奶奶家后，当她拿出自己家中的族谱，我们的心中就只剩下惊叹了。族谱上的第一章写着，自三国历代帝王以来，启祖名列于后。也就是说，张奶奶的家族从1000多年前就已经开始记录族谱了。我们还在族谱的后续记载中找到了张奶奶的记录。

张奶奶对于水果可谓“来者不拒”，而本地出产的猕猴桃更是她的心头好。乐业的大山之中自古就有猕猴桃生长，而勤劳的乐业人更是把它移出深山，进行种植、改良。2016年乐业猕猴桃成功获得“国家地理标志保护产品”的称号。

市场上的猕猴桃大都是七分熟的时候就摘下来的，这样的猕猴桃方便运输，品相也好，寄到收货人手里放置两天，吃起来更香甜可口。而生活在乐业本地的人，却有得天独厚的条件能吃到更加美味的在树上自然成熟的猕猴桃。

- 《本草纲目》载，猕猴桃味酸，性甘、寒，无毒。
- 猕猴桃含有丰富的矿物质，包括钙、磷、铁等，还含有β胡萝卜素和多种维生素，有利尿通便、生津润燥、美容养颜、安神益智等功效。
- 猕猴桃性寒，不宜多食，脾胃虚寒者慎食，腹泻者不宜食用，部分人食用过多会引起过敏。

每年猕猴桃成熟的季节，张奶奶的孙子、孙媳妇经常开车到附近的猕猴桃合作社购买猕猴桃。他们会直接去到猕猴桃园里，寻找在树上自然成熟的猕猴桃，这种猕猴桃吃起来更加香甜，即使牙口不好的百岁老人也可以直接食用，难怪张奶奶如此偏爱。他们出发前，张奶奶总是忍不住一再地唠叨她近百年来积累的挑选猕猴桃的小窍门。

- 看果形。挑选头部尖一点的，不要选扁扁的。
- 看果皮。优质猕猴桃毛细不易落，毛多说明新鲜。
- 看手感。看是否有凹陷，果实饱满，在手中略有弹性，软硬适中为好。

我们到张奶奶家那天，正赶上张奶奶一大家子的家庭盛会，她们家准备续写族谱，把家里的新一代的孩子们写进去。聚会的时候，张奶奶把孙子、孙媳妇专门买来的猕猴桃分给家里的孩子们，那酸酸甜甜的口感，基本上没有孩子可以抵挡它的美味诱惑。

爱吃酸粥的“赤脚大仙”

李云香，壮族，1916年生，家住崇左市扶绥县渠黎镇。李云香奶奶不爱穿鞋，一年四季都喜欢光脚走路，是一位名副其实的“赤脚大仙”。李奶奶最爱吃扶绥当地的一道滋味绝顶的消暑小食——酸粥。

酸粥+鸡皮果：

百岁老人推荐的消暑美食

探秘百寿故事
发现美食传奇
（视频·长寿食谱·交流圈）

莫耀瑛

是“黑暗料理”还是长寿美食？

扶绥百姓有食用酸粥的习俗。顾名思义，“酸粥”就是发酵生虫的粥。不过，酸粥可不是“黑暗料理”，而是一道滋味绝顶、做法奇特的消暑小食。因其风味独特，2015年扶绥酸粥被列入第五批自治区级非物质文化遗产代表性项目。

李奶奶平时可喜欢吃酸粥了。李奶奶每次制作酸粥时，菌种都不是自己准备的，而是“借”来的。原来，这酸粥有一个很有人情味的做法，扶绥百姓友邻和睦，制作酸粥方法也是与众不同，喜欢去别人家“借种”。家里要做酸粥时，就去隔壁邻居家借来一点做好的酸粥，这就是菌种，发酵好的粥里有虫子也有菌，这些小家伙就是成就酸粥美味的所在。“讨”回来菌种后，放入准备好的米饭中，继续发酵，新的一罐酸粥就做好了。有借有还，一来一往，更加深了邻里间的感情。

- 将煮好放凉的米饭倒入干净的陶罐，加入一碗酸粥菌种，经过10天至15天发酵，即变成酸粥（也叫酸糟）。
- 越白、越细稠的酸粥，质量越好，味道越鲜美，香酸扑鼻。
- 酸粥滋味酸爽，可以消暑解乏，促进肠胃消化，开胃健脾，美容养颜，是不可多得的长寿佳品。

生虫的酸粥普通人见到了总是会觉得不太舒服，可这生了虫子的酸粥不仅能吃，还特别好吃！

酸粥做成后其实不能直接食用，因为太酸，会伤了肠胃。为了更好地品尝这道美食，扶绥老百姓想出了一个奇招——把酸粥做成调料。

在油锅中加入花生油，佐以姜、蒜爆炒，再倒入酸粥翻炒，直至香味满鼻，一碗酸辣可口的酱料就做好了。用这酱料做出来的酸粥鸭、酸粥鱼生、酸粥猪肚可都是当地名菜。

如果觉得酸粥的味道不过瘾，还可以直接把小鱼仔放入酸粥中烹煮，酸辣的滋味在炉火中更能沁入鱼肉中，滋味更胜往常。

鸡皮果的头号粉丝

吴廷忠，壮族，1916年生，家住崇左市扶绥县渠黎镇联绥村。吴廷忠爷爷身体硬朗，喜欢散步，特别爱吃鸡皮果。

鸡皮果，酸粥的好搭档

除了酸粥，扶绥当地还有另一种酸食，叫“鸡皮果”。健康的体魄离不开饮食的调养，吴爷爷经常食用的鸡皮果酸甜可口，也是一种养生佳品。

- 鸡皮果又叫“山黄皮”，在桂西南一带的石山地区才能大片生长。
- 鸡皮果的果实、枝叶均有特殊香味，有消暑、消炎、化滞、祛湿、健脾健胃等功效。
- 鸡皮果可鲜食、调味、入药，是食用和调味的上品和上佳的绿色保健食品。

吴爷爷牙口好，旁人觉得酸不可耐的鸡皮果，他吃起来却津津有味。但吴爷爷的吃法有些特别，他会将鸡皮果洗净，放入碗中，撒上盐，一碗清凉可口的酸味小食就做好了。天气炎热，不思饮食时，来点鸡皮果绝对消暑开胃。吴爷爷喜欢在爆炒酸粥制作酱料时加入鸡皮果，吃起来别有一番滋味。吴爷爷还自创了一道“六味鸡皮果”，即将鸡皮果与酱油、辣椒拌在一起，鸡皮果原本就有甜味和酸味，果核微苦，再加点香香的调料，六味混在一起，浑然天成，滋味妙不可言。

与众不同的百岁爷爷

李兰芳，汉族，1912年生，家住北流市清湾镇。李兰芳爷爷每天过着悠然自得的日子，上午散步、遛狗，下午打牌。爱吃阳桃据说缘于李爷爷年轻时的经历，而现在他爱上了一种特别的吃法——阳桃蘸生抽。

阳桃蘸生抽：

与众不同才是我的百岁人生

探秘百寿故事
发现美食传奇
（视频·长寿食谱·交流圈）

闫哲

李爷爷曾经是生产队出了名的孵鸭蛋专家，一个人能同时孵3000个鸭蛋。当时没有测温设备，全靠眼皮附近的神经去感知，李爷爷因此练就了用眼皮测温度的本领。现在邻居家的小孩有个头疼脑热的，带到他面前，是否发烧他一看一个准。

李爷爷孵鸭蛋的成功率高，便成了当时10多个生产队的指导专家，时常还有人请他去广州帮忙孵鸭蛋。那时他经常步行200公里的路，一走就是一天一夜，有时甚至肩上还要挑着一担鸭蛋。年轻时的劳作使李爷爷练就了健康硬朗的身体，如今年过百岁的他，仍能自己打水洗衣服。

“我可以连续打四五个小时的牌，现在同时提两桶水还没问题。年轻人就要多劳动，身体好，干什么都好。”

——李兰芳爷爷语录

因常往返于两广之间，李爷爷也会购买两地不同的特产进行倒卖，善于算账或许是他如今打牌技术好的缘由吧。长年奔波让李爷爷养成了爱吃阳桃的习惯，因为当时路边有很多阳桃树，阳桃水分多、能解渴，他平时赶路累了就会摘下来吃。

- 阳桃能减少机体对脂肪的吸收，有降低血脂、胆固醇的作用，对高血压、动脉硬化等心血管疾病有预防作用。
- 阳桃中糖类、维生素C及有机酸含量丰富，且果汁充沛，能迅速补充人体的水分，生津止渴。
- 阳桃中含有大量草酸、柠檬酸、苹果酸等，能提高胃液的酸度，促进食物的消化。
- 阳桃含有大量的挥发性成分、β胡萝卜素类化合物、糖类、有机酸及维生素B、维生素C等，可消除咽喉炎症及口腔溃疡，防治风火牙痛。

其实阳桃是种可随意搭配的水果，民间就有醋渍阳桃的偏方，此方具有消食和中的功效，可用于治疗消化不良、胸闷腹胀等病症。李爷爷如今喜欢吃生抽蘸阳桃则是因为他年纪大了，已经不能承受阳桃中因含有大量有机酸所带来的酸涩感，所以要用生抽进行调和，既增加了阳桃的鲜香，又去除了阳桃本身的酸涩。

创意型“吃货”

黄雪英，壮族，1914年生，家住柳州市融安县板榄镇龙纳村。作为一个高级“吃货”，黄雪英奶奶不光会吃，还吃得有创意，她时刻想着如何把食物变得更美味。

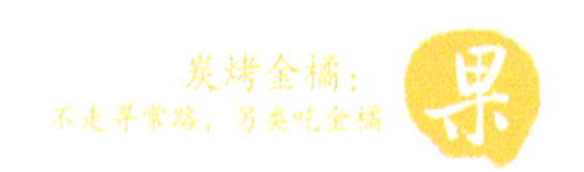

炭烤金橘：

不走寻常路，另类吃金橘

罗凤　周金兰

探秘百寿故事
发现美食传奇
（视频·长寿食谱·交流圈）

融安县盛产金橘。金橘是南方常见的水果，因其口感酸甜可口、富含维生素C异常受大众欢迎。

黄奶奶家有一个果园，种了大片金橘树，每到果实成熟时，一株株果树上挂满了金灿灿的、圆圆的金橘，远远看去，如一颗颗金色的星星挂在枝头，煞是好看。见到黄奶奶时，她兴冲冲地跟我们说，她家的果树今年大丰收，还热情地邀请我们去她家果园逛逛。

在果园里，黄奶奶一边摘果一边教我们辨认什么样的金橘才是最甜的："像这种黄中带青的，就是酸的；那种黄黄的就是熟透了，很甜。"黄奶奶摘了满满一兜的金橘，才兴致勃勃地回了家。

金橘常见的吃法是生吃或者糖渍，但爱吃的创意型“吃货”黄奶奶不走寻常路，创造了一个闻所未闻的吃法——炭烤金橘。黄奶奶将一个个新鲜的金橘洗净，用竹签串起来，架在红彤彤的炭火上烤。新鲜多汁的金橘在炭火的烘烤下，油质溢出表皮，颜色愈发鲜亮。炭烤过的金橘口感软绵，甜中带酸。

创新食物的吃法，是对美食的尊重。黄奶奶的炭烤金橘，让金橘的口感层次更加丰富，赋予了金橘新的味道，新的生命。

- 金橘具有生津止渴、化痰止咳的功效。
- 食用金橘可提高机体的抗寒能力，防治感冒。
- 食用金橘可预防色素沉淀，增进皮肤光泽与弹性，避免肌肤松弛，延缓衰老。

蔬

“甜蜜”夫妻

丈夫张仕恩，汉族，1917年生；妻子杨兰英，汉族，1915年生，家住河池市巴马瑶族自治县县城。他们是一对恩爱的百岁夫妻。“结发为夫妻，恩爱两不疑。”一切恩爱，皆由姻缘。

南瓜粥：

百岁夫妻的“甜蜜”暴击

胡璇玥

探秘百寿故事
发现美食传奇
（视频·长寿食谱·交流圈）

张仕恩爷爷和杨兰英奶奶是一对百岁夫妻，相守多年的他们如今依旧恩爱如初。他们每天清晨都有一个雷打不动的习惯，就是早起一块去吃早餐。我们那天赶了个早，天下着小雨，看到张爷爷给杨奶奶打着雨伞，过马路时，还不忘牵着杨奶奶的手，护着她左右。

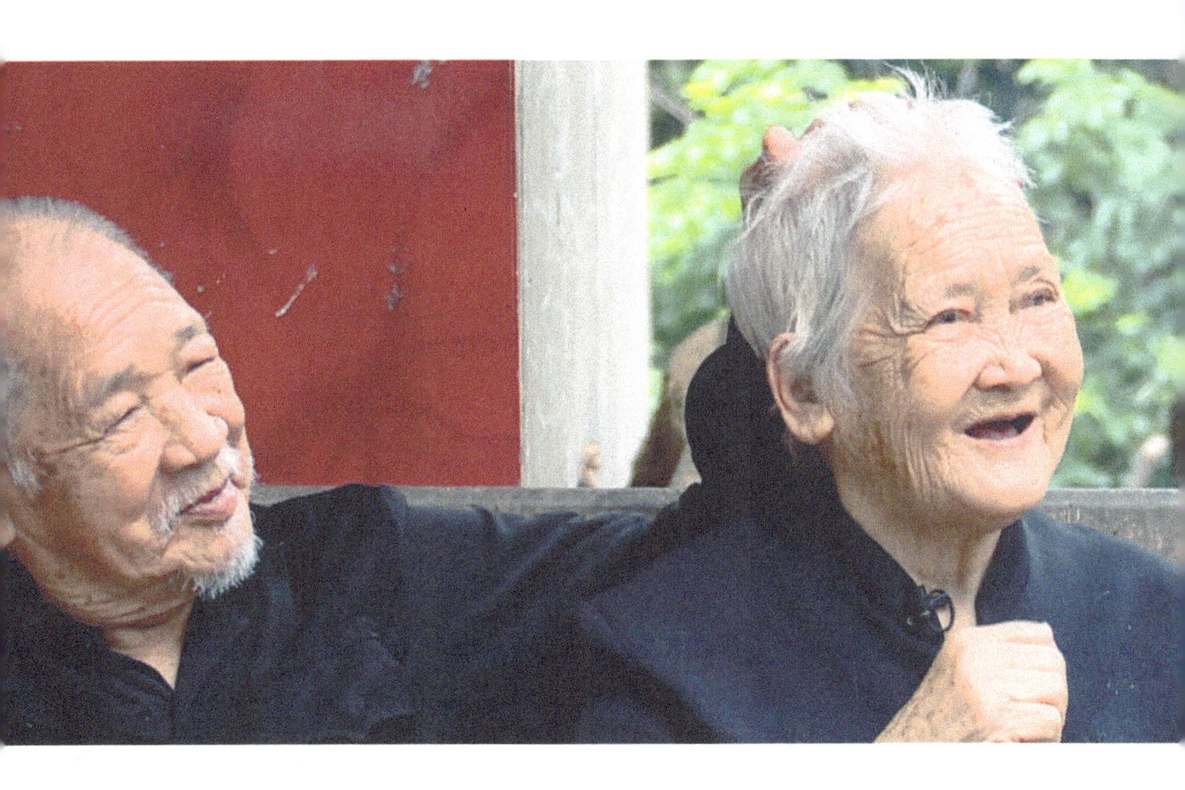

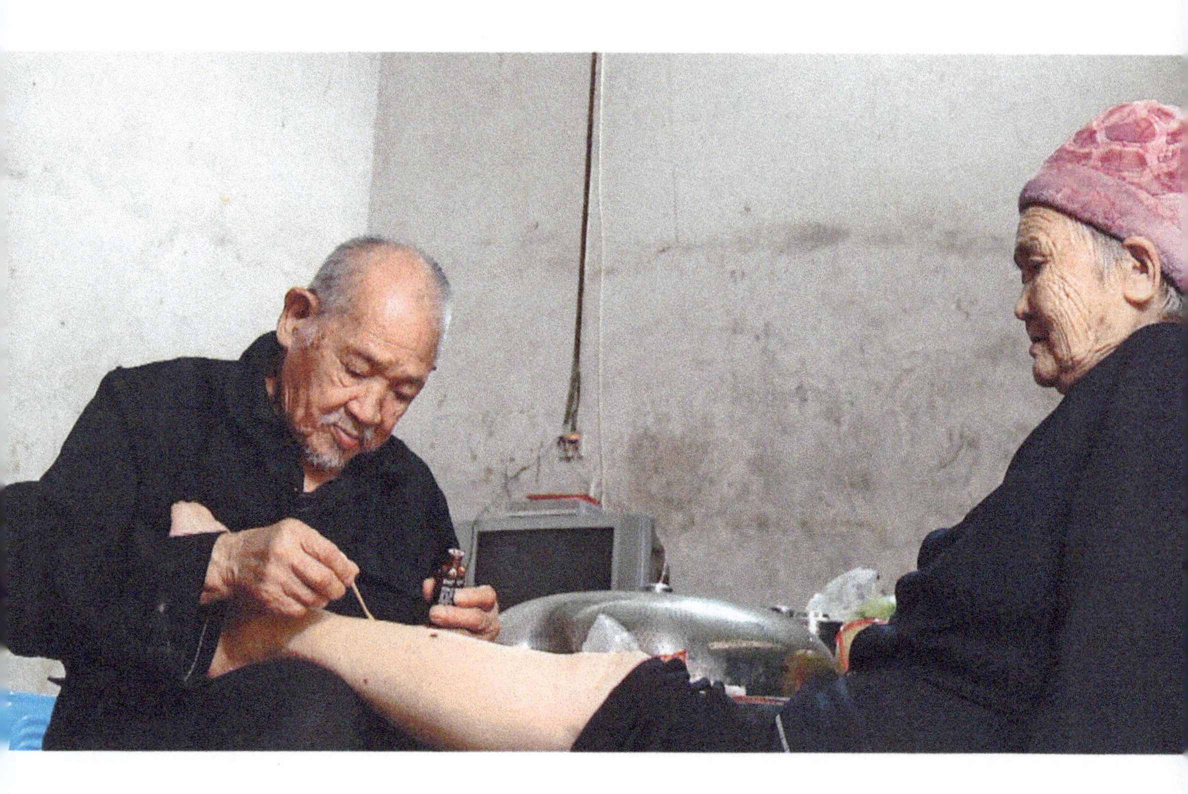

张爷爷和杨奶奶结婚近70年，一直很恩爱。其实，张爷爷是杨奶奶的第二任丈夫。杨奶奶的第一任丈夫不幸去世后，她怀着遗腹子改嫁到张爷爷家，张爷爷将大女儿视同己出。“在我家生的，就是我的孩子，能有什么不一样？”张爷爷笑着说。当时由于家中穷困，张爷爷并没有用正式的婚礼迎娶杨奶奶，也没有给她买过一件像样的礼物，但这并没有影响到他们的婚姻生活。

他们俩很恩爱，每天都会在一起散步、拌嘴。杨奶奶的腿受伤之后，腿脚不利索，张爷爷总是亲力亲为地照顾她，给她买药、上药、洗脚、推拿，出门牵着她，上下楼扶着她，有她的地方，就一定能看到他的身影。

百岁夫妻在一起生活这么多年，也不容易。和所有普通的夫妻一样，他们也要面临家庭的琐事，性格的磨合，还有口味上的迁就。就拿张爷爷最爱吃的南瓜粥来说，杨奶奶也是做了甜蜜的"让步"呢。

"我们都很喜欢吃南瓜粥，以前我都是放玉米同南瓜一起煮，可是阿公他更喜欢吃糯米啊，所以现在就用糯米同南瓜一起煮。"杨奶奶说。

- 南瓜性温，味甘，入脾、胃经，具有补中益气、消肿止痛、解毒杀虫等功效。
- 南瓜所含果胶有很好的吸附性，能吸附和消除体内细菌、毒素和其他有害物质，如重金属中的铅、汞和放射性元素，起到解毒作用。
- 南瓜所含果胶能保护胃肠道黏膜，使其免受粗糙食物刺激，促进溃疡面愈合；还能促进胆汁分泌，加强胃肠蠕动，帮助食物消化，适于胃病患者食用。
- 糯米营养丰富，为温补强壮食品，具有补中益气、健脾养胃、止虚汗之功效，对食欲不佳、腹胀腹泻有一定的缓解作用。

简易的食材，给这对百岁夫妻的生活增添了不少浪漫。张爷爷今天去地里采了新鲜蔬菜回来，却把鞋子弄脏了，一屁股坐到了南瓜上，认真地刷起鞋子来。不巧被杨奶奶逮了个正着："你敢坐我的南瓜，这么老了，还敢坐在我的南瓜上，看我打不打你！"说着便拿着拐棍敲了敲张爷爷屁股底下的南瓜，"你错了没有，知道错了没有？"大家都被这场面逗笑了。

都说相由心生，张爷爷和杨奶奶已是百岁的年纪，还依旧相互照顾、相互牵挂，不仅习惯互相影响、心灵相倾，就连这模样也是越看越像了。他们的爱情没有金山银山，没有山盟海誓，有的只是这一世平平淡淡、寸步不离的陪伴。

- 将新鲜的南瓜洗净，去皮，切成小块。
- 将糯米下入南瓜内，加入适量清水，大火煮至七成熟后，小火慢炖半小时。
- 待糯米变得软糯可口时，用勺子搅拌均匀，使两者完美地混合在一起即可。
- 南瓜已自带香甜，也可依据个人的口味适当加入白糖。

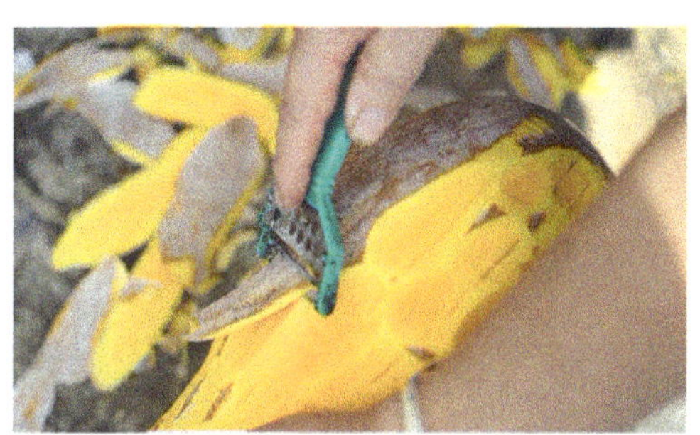

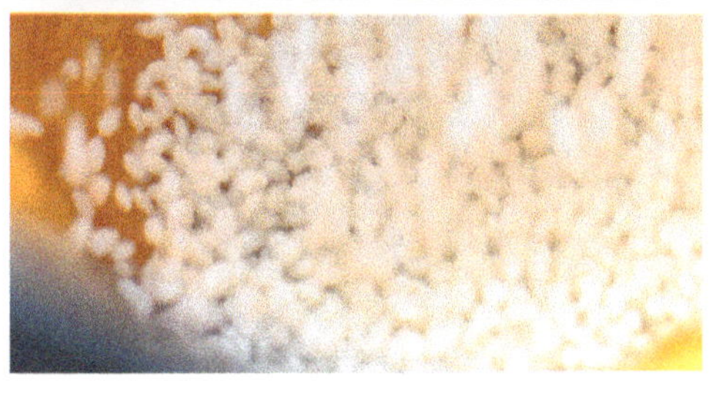

"老头子，感谢你一直照顾我。你长得不帅，但是你对我好，这辈子有你我就幸福了。"

——杨兰英奶奶语录

"老婆，感谢你这辈子嫁给我，当年我穷你也没有嫌弃我，跟我吃了一辈子的苦，还帮我生了10个孩子，娶了你是我这辈子最大的福气！"

——张仕恩爷爷语录

爱吃红薯叶的百岁菜农

凌义莲，壮族，1916年生，家住崇左市隆安县县城。凌义莲奶奶在隆安城郊有自己的一片菜园，她最喜欢偷偷到菜地打理自己心爱的原生态蔬菜。

红薯叶：

百岁菜农最爱的“蔬菜皇后”

探秘百寿故事
发现美食传奇
（视频·长寿食谱·交流圈）

陈海云　胡璇玥　周金兰

凌奶奶一家住在县城，虽然年纪大了，但她就是闲不下来，便央求儿子给自己在郊区开一块地，这样平时能够种些菜。为了让母亲有事可做，孝顺的儿子便答应了这个请求，只是要求奶奶要注意安全。

于是，凌奶奶在城郊拥有了属于自己的一片小小的菜地，在那里，她种上了自己爱吃的绿色蔬菜。凌奶奶说，自己种的菜不洒农药、不施化肥，绿色环保，吃得安心、舒心又开心。

后来，凌奶奶年纪越来越大，儿子便不许凌奶奶再去菜地了，说她可以让子孙帮忙照顾菜地。凌奶奶悄悄地对我们说：“他们出去上班后，我也出门，等他们下班，我也回到家里了。”原来，凌奶奶只是口头上答应了，也不当着家人的面光明正大地去菜地，但她还是会趁着家人都出门的时候，自己偷偷地跑到菜地给菜浇水。

这片菜地，让凌奶奶每天都有事可做，在收获绿色蔬菜的同时，还收获了一份简单的快乐。

今年，这片菜地全种满了红薯叶。凌奶奶说，她最喜欢这种蔬菜，因为它不需要太多护理就能长得很好，吃了还对身体好。

红薯叶被称为“蔬菜皇后”，经常食用有预防便秘、保护视力的作用，还能保持皮肤细腻，延缓衰老。

对于红薯叶，凌奶奶最喜欢的吃法就是清焯。

- 将红薯叶摘去老梗，留下嫩叶和嫩茎，并清洗干净。
- 在锅里放点水，待水烧开，把红薯叶放入锅中。

- 等红薯叶的颜色由嫩绿变成墨绿时，再放入适量的油、盐，拌匀即可。

这种做法能够很好地锁住红薯叶的水分，保持其爽脆的口感。凌奶奶说，这样做红薯叶她能吃一大碗。

“吃红薯叶对身体好哦。”凌奶奶一边吃着红薯叶，还一边不忘向我们夸赞红薯叶。

百岁“品酸高手”

肖金菊，壮族，1916年生，家住百色市凌云县玉洪瑶族乡。肖金菊奶奶如今仍皮肤光滑，一点老人斑都没有，看起来不过七八十岁的模样，她说或许与她常年食用酸藠头有关。

水晶藠头：
“酸酸”的养生秘诀

莫耀瑛

探秘百寿故事
发现美食传奇
（视频·长寿食谱·交流圈）

壮族人爱吃酸，所以有“壮不离酸”的说法。肖奶奶是壮族人，自然也是很爱吃酸的。经常食用酸食，可以软化血管，延年益寿。肖奶奶如今仍皮肤光滑，没有一点老人斑，据她说是得益于常年食用酸藠头。

壮族人喜欢把蔬菜瓜果加入食盐腌制成酸，食之可解油腻、促消化。但肖奶奶钟爱的酸，却不是寻常的瓜果制成的，原料是地里的藠头。肖奶奶家里腌制的酸藠头是她的至爱，因其模样晶莹剔透，故又称为“水晶藠头”。

中国人食用藠头的历史已无从考证，在华南一带，藠头是许多少数民族钟爱的小食，或腌制或爆炒，壮族百姓尤其酷爱酸藠头这一味。

头一年腌制的酸藠头，在农历七月中元节前后食用最为美味。壮族人在中元节有吃鸭子的习俗，搭配上酸甜可口的酸藠头作佐料，是最好不过了。鸭肉清甜，酸藠头可口，两者的滋味融合在一起，令人口齿生香。

虽说酸藠头最适合与鸭肉搭配，但在平日里，直接食用也是可以的。只是一般人难以忍受其直接食用带来的酸味，所以都避之不及。但肖奶奶不同，她是个“品酸高手”，唯独钟爱这个味道，越酸越好。

- 酸藠头爽脆可口，滑润而略带甘味，营养丰富，可降脂消炎，是预防心血管疾病的保健菜。
- 研究人员对藠头进行活化物提取，发现当中含有一种有机硫化物，类似大蒜的活性成分——蒜素。因此，藠头亦有杀菌消炎的作用。
- 食用藠头有增食欲、助消化、解疲气、健脾胃等功效。

要腌制一罐香气扑鼻的酸藠头并不难，这种寻常百姓家中可见的酸食，有着天生的亲和力。只需要买来新鲜的藠头，除芽去根，洗净后一瓣瓣剥开，晾干，撒上适量食盐，抓上一抓，放进密闭的罐子里封存即可。只需十天半个月，一坛酸味十足的酸藠头就做好了。

肖奶奶家里的酸藠头已经腌制了大半年，她每天不但都吃些酸藠头，还要舀上一小勺酸藠头水，慢慢地、细细地品。肖奶奶说，她还记得有句古语：“餐前饭后食六颗，不打郎中门前过。”除了保健养生，酸藠头也是一道美容佳品。

“每天喝点酸藠头水促进消化，吃饭也吃得多一点。”

——肖金菊奶奶语录

无姜不欢“姜太母”

盘妹爱，瑶族，1917年生，家住柳州市金秀瑶族自治县罗香乡罗运村。盘妹爱奶奶的生活习惯是每餐都必须有姜，因此她被村里人尊称为“姜太母”。

姜：

长寿秘诀就在这辛辣间

探秘百寿故事
发现美食传奇
（视频·长寿食谱·交流圈）

胡璇玥

金秀是全世界瑶族支系最多、瑶族传统文化保存最为完整的地方。盘奶奶就住在这风景秀丽的金秀大瑶山深处。

听闻在大瑶山深处有一位百岁瑶族奇女子，我们一行一大早便开车前往拜访。山路崎岖狭窄，经过一小时的车程，我们的车依旧行驶在旁边是悬崖峭壁的云雾中。初到盘奶奶所在的村庄，第一感觉就是这是一个与世隔绝的神仙境地，山顶云雾环绕，小村落攀着山顶而建，房屋错落有致，村妇们都穿着瑶族服饰做着农活。

终于见到了盘奶奶，她穿着一身坳瑶服饰，头戴银钗，正与大女儿一起切着姜片，精气神十足。在她家里，生姜随处可见，门口晒着，桶里装着。

“我妈一天都离不开姜，她吃姜就像吃饭一样，去哪里玩都要带着姜去。你看，她口袋里现在都装着姜。”盘奶奶的儿子说。

“她平时老说，吃饭有没有猪肉都无所谓，但是一定要有姜。”盘奶奶的大女儿从地里刨出了一大块姜，“这不，又要我来挖点新鲜的姜回去。”

盘奶奶与姜结缘的原因很简单，金秀海拔较高，而盘奶奶所在的村子位于山顶，烟雾缭绕，常年湿冷，于是吃姜就成为她记事起便知道的最简单、最直接的耐寒方法之一。盘奶奶如今每日三餐必备生姜。最简单的做法就是将生姜剁成姜泥，加上酱油，用于蘸食。盘奶奶说：“我一餐中可以没有米，但是不能没有生姜。”真是名副其实的“姜太母”！

- 生姜有发汗解表、温中止呕、温肺止咳、解鱼蟹毒、解药毒等功效，适用于外感风寒、头痛、咳嗽、胃寒呕吐等症状。
- 在遭受冰雪、水湿、寒冷侵袭后，急以姜汤饮之，可增进血行，驱散寒邪。
- 生姜可提神，增进食欲；防病，治疗肠炎；健脾，防暑救急。

盘奶奶告诉我们，瑶族人生在山里，长在山里，吃在山里，姜在瑶族人的食谱里有着十分重要的位置。

“我可以不吃米饭，但我一定要吃姜，
我吃的姜比你吃的米饭还多。”

——盘妹爱奶奶语录

- 酸姜：将洗净的子姜放入可密闭的坛内，加入凉开水至没过子姜，加入适量食盐，封口后放阴凉处存放数月，让姜自然发酵即可。

- 子姜炒鸭：子姜切片；将鸭肉切块焯水后捞出；热锅下少许油，放蒜头爆香，倒入鸭肉炒香后，放入子姜片翻炒5分钟；加入盐、酱油、糖、料酒、辣椒调味，继续炒3分钟即可。

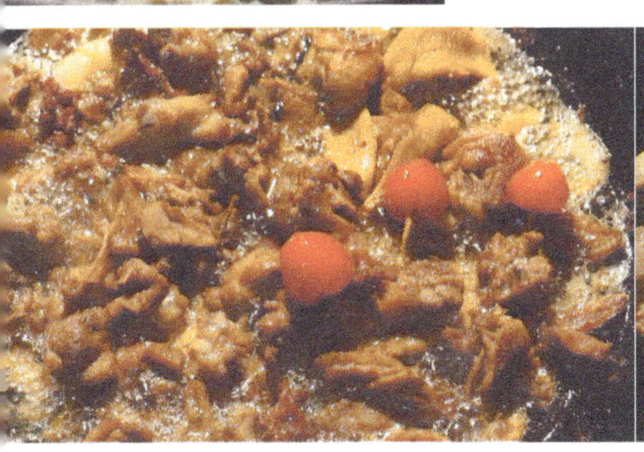

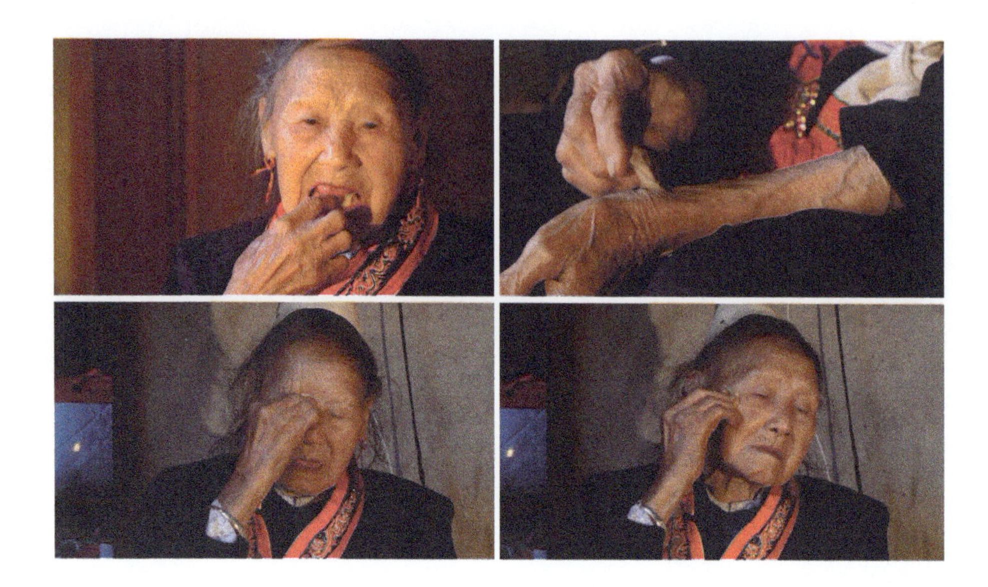

每天盘奶奶都会在口中含上一片生姜在舌底，人的舌底有两个重要穴位——金津和玉液，生姜中的辛辣成分姜辣素进入人体内消化吸收时，可通过这两个穴位反射到脑部，难怪盘奶奶人过百岁还如此神清气爽。盘奶奶说，除了食用，姜外用的效果也是极好的。盘奶奶还热心地告诉了我们好几种姜外用的方法。

- 生姜拍碎，放入盛满水的锅中烧开用于泡脚，可促进血液流通，加强血液循环，保养肾脏；针对体寒人群，能够有效缓解身体畏寒的症状，减少手脚冰凉；改善肌肤暗沉，提亮肤色；等等。
- 生姜切片，在皮肤上涂抹揉搓至有辛辣感，可止痒抗衰老。
- 生姜加葱白捣烂，加入少许白酒，敷于患处，可治疗关节疼痛。

汤

“火眼金睛”的“冬瓜奶奶”

黄月娥，壮族，1914年生，家住南宁市良庆区大沙田街道平乐村。黄月娥奶奶是平乐村的长寿名片，在村里德高望重，如今仍有一双不折不扣的“火眼金睛”。黄奶奶从年轻的时候就喜欢自己制作冬瓜糖分给小朋友们，是村里人口中最暖心的“冬瓜奶奶”。

猪肝白花菜汤+冬瓜糖：

耳聪目明，百年甜蜜

探秘百寿故事
发现美食传奇
（视频·长寿食谱·交流圈）

胡璇玥

教你如何耳聪目明

黄奶奶的祖屋已经年久失修，她现在与大儿子住在一起。黄奶奶家里依旧保存着她年轻时的嫁妆——一张雕花刻字的木椅，很是精致，它见证了黄奶奶的百年时光。

来到黄月娥奶奶家中，黄奶奶告诉我们：“我老早就发现你们咯！”我们禁不住诧异地问：“黄奶奶，您年纪这么大了，眼力还这么好呀？”“当然好啊，我还能穿针引线呢！”黄奶奶笑道。

黄奶奶如今虽然没有了矫健的身姿，却还有着与其年龄不符的敏锐的听力和视觉。当我们问及原因时，黄奶奶说，兴许是因为她平时爱喝并常喝猪肝白花菜汤，方成就了她如此高龄仍能耳聪目明。

- 猪肝中含有丰富的营养物质，是最理想的补血佳品之一，具有明目、养血、营养保健等作用。

- 猪肝中含有丰富的维生素A，常吃猪肝，可逐渐消除眼科病症。《随息居饮食谱》载：“猪肝明目，治诸血病，余病均忌，平人勿食。”

- 白花菜具有散风祛湿、活血止痛的功效。

做猪肝白花菜汤，讲究的是猪肝的光泽、质感与白花菜的新鲜，两者合二为一，方为好汤的基础。俗话说“外行看热闹，内行看门道”，如何选优质的食材，黄奶奶说起来头头是道的。

首先，猪肝要选粉肝、面肝，新鲜的猪肝弹性佳，有光泽，不干皮，无腥臭，切开有血液流出；其次，市场上有新鲜白花菜和腌制白花菜，做汤时须选择新鲜白花菜，虽然味道有些苦涩，但对身体好。

选好了优质的食材，黄奶奶便开始认真地烹制起猪肝白花菜汤来。黄奶奶延用的是祖传的烹制方法，做出来的汤中猪肝爽滑细嫩，白花菜苦涩甘甜，汤汁清淡却又不失香味。

- 将猪肝切成薄片，白花菜洗净。
- 先把水煮开，放入猪肝，水开后撇去汤面的浮沫。
- 把白花菜放到锅内，煮开后，改小火，继续煮几分钟即可。

“猪肝好，口感软糯，配着白花菜吃还能明目。”

——黄月娥奶奶语录

“冬瓜奶奶”的“甜蜜”

黄奶奶还热情地拿出自己做的冬瓜糖让我们一同品尝。

黄奶奶的生活中离不开冬瓜，她不仅自己制作冬瓜糖，还特别喜欢与人分享这份甜蜜。

邻居说：“我们村里人都喜欢吃冬瓜糖，黄奶奶每次都把做好的冬瓜糖分给我们吃，我们都叫她‘冬瓜奶奶’。”

虽然黄奶奶年轻时由于无法生育并未留下子女，但她却帮丈夫的二太太带大了所有的子女。子女们心存感恩，都尊称她为“大妈”。子女们从小吃着黄奶奶做的冬瓜糖，对于他们来说，冬瓜糖的味道就是家的味道。

“小时候我们都跟在大妈的身后，嚷着要吃冬瓜糖。现在这做冬瓜糖的手艺，我们几姐妹都会，都是大妈教的。”大女儿自豪地说。

孩子们长大后，黄奶奶还教会他们一道又一道的冬瓜菜肴。每到周末，子女们都会回家与她共享天伦之乐。子孙孝顺，邻里和睦，黄奶奶用冬瓜的味道传递着甜蜜能量。

- 冬瓜是一种药食两用的瓜类蔬菜。
- 《神农本草经》载，冬瓜性微寒，味甘淡，无毒，入肺、大小肠、膀胱三经。冬瓜能清肺热化痰，清胃热除烦止渴，具去湿解暑、利小便、消除水肿之功效。
- 其他中医典籍诸如《开宝本草》《本草纲目》中都有关于冬瓜药用的记载，在民间冬瓜通常被用来治疗肺热咳嗽、水肿胀满、暑热烦闷、泻痢、痔疮、哮喘、糖尿病、肾炎浮肿、鱼蟹中毒等。

黄奶奶对吃冬瓜有着百年的独到经验。一个不起眼的冬瓜，在她的手里，一会儿工夫，就能变成“满汉全席”。

- 冬瓜糖：冬瓜去皮、去瓤，切条，加入适量石灰粉、白糖，浸泡6小时以上；用清水煮沸后沥干，将冬瓜放入锅中熬至琥珀般透亮，糖水变黏稠即可。

● 冬瓜茶：冬瓜切丁，放入茶水，大火煮开，小火慢煲，熬到冬瓜肉软至用勺子可以碾烂的程度，可根据个人喜好放入白糖或红糖。

● 蒸冬瓜：冬瓜削皮，虾米洗净、沥干，将虾米、冬瓜一起清蒸，可不加任何调料，亦可根据个人喜好适当淋入香油，具有清热解暑的功效。

"冬瓜是个好东西，吃了身体好。
煮菜，煲汤，做糖，怎么都行。"

——黄月娥奶奶语录

冬瓜汤：冬瓜切成厚片或块状，锅中放入清水，先放入洗净的排骨，待排骨的血色慢慢褪去、肉质熟透，倒入冬瓜，一起煮熟即可。

百岁模范姐弟恋

丈夫韦熊，壮族，1915年生；妻子韦爱珍，壮族，1910年生，家住河池市大化瑶族自治县大化镇龙马村。韦爱珍奶奶和韦熊爷爷自结婚以来，从未吵过架，而他们的感情保鲜秘诀就在一碗有情有心的暖汤。

枇杷叶猪肺汤：

一碗有情有心的暖汤

高健　周金兰

这对百岁夫妻堪称20世纪最完美的姐弟恋，他们之间的感情平凡而浪漫。虽然妻子韦爱珍比丈夫韦熊大5岁，但感觉更像是“妹妹”，偶尔会向“哥哥”撒个娇，害个羞。有时韦爷爷打篮球，韦奶奶也会在一旁欢呼，像个小迷妹一般，韦爷爷自然也会包容韦奶奶的一切。当然，他们的浪漫可不是说说而已，而是用最真挚的实际行动来表达的。

知道妻子很爱喝枇杷叶猪肺汤，韦爷爷就经常亲自做这道汤给韦奶奶喝。98岁时，韦爷爷还亲自爬树摘枇杷叶。韦爷爷说，因为韦奶奶爱喝这道汤，所以他每次都是亲力亲为，从不假于他人之手。这道枇杷叶猪肺汤，既是他们夫妻俩的“爱情保鲜汤”，也是清热润肺的靓汤。

- 《本草纲目》载：“枇杷叶，治肺胃之病，大都取其下气之功耳。气下则火降痰顺，而逆者不逆，呕者不呕，渴者不渴，咳者不咳矣。”
- 枇杷叶和胃降气，清热解暑毒，疗脚气。
- 猪肺有补虚、止咳、止血之功效。

一碗暖汤下肚，清热润肺止咳，汤里包含着丈夫对妻子满满的爱意，汤的鲜味入胃，汤的爱意入心。

- 枇杷叶清洗干净，切段。
- 猪肺洗净去血水，切薄片，和枇杷叶一同放入砂锅。
- 武火煮至水沸腾，撇去浮沫，转文火继续煮15分钟即可。

“人家都说我们是一对好夫妻！”

——韦熊爷爷语录

百岁传奇老中医

韦廷宣，壮族，1914年生，家住河池市东兰县三石镇。在当地，韦廷宣爷爷可是远近闻名的老中医，因其高超的医术曾治好了太多的人，现在还不时有人找他寻医问药。

猪脚汤：

补血养气，食疗极品

宋旌宏

探秘百寿故事
发现美食传奇
（视频·长寿食谱·交流圈）

韦廷宣爷爷是当地远近闻名的老中医。村民告诉我们，以前找韦爷爷寻医问药的人不仅来自附近的乡镇、县市，甚至来自外省的病患都有，而他们之所以知道韦爷爷，是因为他治好了太多的人，高超的医术让大家深深折服，于是口口相传，又推荐给了更多的人。

我们带着对韦爷爷深深的好奇来到他家。初次见面，韦爷爷正在给人看病。问诊的是一位女士，想让韦爷爷帮她看看身体的状况，因为她和丈夫一直在商量准备要二胎。韦爷爷诊断的方式是中医传统的把脉，观望气色。在将近10分钟的仔细检查之后，韦爷爷非常精确地讲出了这位女士现在的身体状况，并且跟她说："我虽然已经有了一定的判断，但是我觉得可能还不够精准。你看这段时间能不能再去县医院，做一下详细的体检，然后把体检报告拿给我，我再根据报告，帮你开一些药，这样才能更好地为你调养身体。"

听到韦爷爷的这些话，我们非常惊讶，一是没想到韦爷爷还能看懂西医出具的医疗检测结果，毕竟他一直在大山中行走，用草药帮人治病；二是惊讶于韦爷爷精益求精的治疗态度，即使自己已经有了相对准确的判断，还是要求用更精准的数据来作为用药的依据。

韦爷爷给人看病的时候，不喜欢被人打扰，因此我们等病人走后才和韦爷爷聊起他的医术。我们把听来的许多传闻故事讲给韦爷爷听，他很认真地说："我的医术是非常有限的，除了一些常见病之外，我主要治疗的方向是肝炎、跌打损伤和不孕不育这一块。谁的能力都是有限的，我也只能做好这一部分。"谈起自己行医的经历，韦爷爷告诉我们，他以前行医为救人，也为吃饭，因为这可以作为一种养家糊口的方法。韦爷爷年轻的时候，跟老师学过医术，自己对医术也很感兴趣，后来他走遍了附近的大山，找了许多药材，常备在家里随时取用。现在生活好了，他已经不靠行医挣钱养家了，谁有需要就拿去用，用完了他又让儿子和孙子再去山上采。

对于治病，韦爷爷的看法是能不吃药就不吃药，能靠食疗治好的就靠食疗，病情实在很严重再用药，毕竟"是药三分毒"，再说人体本身也是可以慢慢自我调节好的。他说，这样不但对身体好，还可以省些钱，减轻家里的负担。

关于食疗，韦爷爷教了我们一道补血养气极品猪脚汤。他还告诉我们，买猪脚时要多留个心眼，查看一下猪脚后面是不是被人切开了，如果已经切开了，最好不要买。因为猪脚后面有一根大筋，如果猪脚后面已经切开了，说明这根大筋没了，补气血的功效要降低80%。因为只剩下了肉，这些肉补气血的能力跟这根大筋相比差太多。

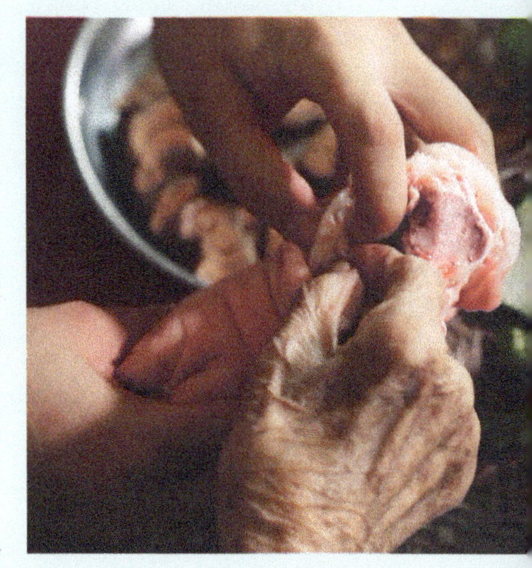

韦爷爷还向我们普及了好些吃猪脚汤的小细节。

- 连在猪脚上的肉可以少一些，因为肉的食疗功效弱，吃了还容易胖，要最前面一小段就行了。
- 吃的顺序也很重要，先吃猪脚，再吃饭，顺序错了，食疗效果就差了。
- 配料很重要，如果能在炖猪脚的时候，在底料里面加一些大血藤、小血藤就更好了。

韦爷爷还提到，猪的四个脚功效有区别，左前脚是补气血最好的。他说这是年轻时教他医术的老师说的，至于原因他也不知道。韦爷爷开玩笑说："用生活中的道理来解释，可能是因为男左女右，所以左边相对有力一些吧。"

百岁“汤婆婆”

陈淑君，汉族，1917年生，家住北海市市区。陈淑君奶奶是个土生土长的海边居民，一日三餐都要喝养生汤，是个名副其实的“汤婆婆”。

蛤蜊榄钱汤：

每一口都是海的味道

探秘百寿故事
发现美食传奇
（视频·长寿食谱·交流圈）

邓丹阳

北海是广西最南端的沿海城市。“靠山吃山，靠海吃海”，住在海边的人自然每天都有新鲜的海鲜食用。陈奶奶是个土生土长的海边居民，她的餐桌上每天都会有几道海鲜美食。

陈奶奶有个坚持了多年的习惯，就是一日三餐都要有汤。作为北海人，在各种各样的汤中，陈奶奶最钟意的还是那口海鲜汤。为了让每天坚持健身锻炼的陈奶奶能更好地补充体力，能获得更充足的营养，她的女儿每天都去菜市场挑选最鲜嫩的海鲜来给她煮汤。

- 榄钱，红树林的果实，是北海最有特色的养生美食之一，具有清热、利尿、凉血败火的功效。
- 蛤蜊，海边的特色美食，肉质鲜美无比，被誉为“天下第一鲜”“百味之冠”，是一种高蛋白、高微量元素、高铁、高钙、低脂肪的海产品。
- 蛤蜊和榄钱性凉，有清热解暑的功效。
- 将蛤蜊浸泡在清水中吐完沙后洗净备用。

● 将榄钱在热油中翻炒至深色，在锅中倒入适量的水，煮开。

● 放入蛤蜊、姜丝，待蛤蜊打开后，加入葱末即可。

陈奶奶说，榄钱与海鲜搭配在一起，可以产生一种奇妙的味觉效果。

蛤蜊榄钱海鲜汤，蛤蜊和榄钱完美融合，相互衬托，汤浓味鲜，营养价值高，每一口都是海的味道。

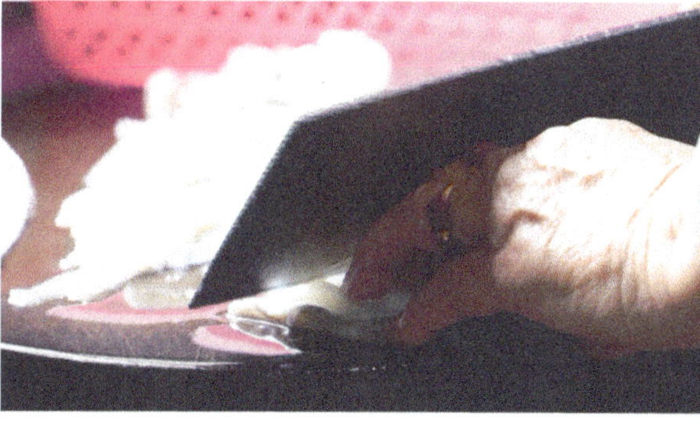

百岁养鸡婆婆

黄牙冷，壮族，1906年生，家住河池市巴马瑶族自治县百林乡平田村百林屯。黄牙冷奶奶已养了近百年的鸡，是不是土鸡，鸡的品质好不好，她有一套“十五字口诀”：鸡脚细、鸡爪尖、毛孔紧、鸡毛密、鸡胗硬。一看二摸便知，从不失手。

野菜土鸡汤：

百年鸡汤亦是“人生鸡汤”

探秘百寿故事
发现美食传奇
（视频·长寿食谱·交流圈）

蒋婕

黄奶奶和大孙子一家住在一起。别看黄奶奶已经如此高龄，她依然在操持家务，甚至家里的财务大权也掌握在她手中。黄奶奶看到我们来了，为尽地主之谊，便急匆匆地到菜市场买菜。与人交谈，交易买卖，黄奶奶可是轻车熟路得很。菜市场里的商贩对黄奶奶赞不绝口。卖青菜的大姐感叹道：“她真是越活越年轻，脑子比我的还灵活呢。”

到黄奶奶家做客，她依然沿用巴马人最高的待客之道来迎接我们，那就是杀鸡。黄奶奶家里养了十几只鸡，个个精神抖擞。黄奶奶养了近百年的鸡，对鸡好坏的判断，她最有发言权。黄奶奶告诉我们选鸡的门道："这个皮黄灿灿的，就是好吃的啦。这个皮黑乎乎、皱巴巴的，就不好吃啦，是不行的。"

南方冬季时，山上的流水并不多，但是黄奶奶家旁边山坡上的植物依然生机勃勃。孙子每次回家，都采一些黄奶奶喜欢的野菜带回来。黄奶奶说，这些野菜和土鸡是绝配，百林屯的人从小吃到大。黄奶奶从出生到现在，一直生活在大山里，自幼受到大自然的庇佑，有点感冒发烧她会到山上摘草药，煮菜也是用山上的野菜，她认为世间良药不及天地之精华。野生的苦荬菜和白花菜是黄奶奶的最爱，她说苦荬菜具有清热解毒的功效，白花菜具有散风祛湿的功效。黄奶奶从小就教她的孙子用美味的野菜同土鸡一起炖煮，说上好的鸡汤需要用山泉水将肉质鲜美的鸡肉、甘甜可口的野菜和在一起才最好吃。

- 选用肉质比较细嫩的项鸡。
- 鸡斩块，和生姜片（丝）下炒锅，炒至鸡肉变白后，放水炖煮。
- 放盐入味，再放入白花菜，煮沸即可。

除了在做菜方面黄奶奶有着自己的坚持，从她的孙子口中，我们还得知黄奶奶在教育子孙为人处事方面也有着自己不可改变的原则。我们询问黄奶奶她的土鸡多少钱一只，她张开五个手指头说："50块，就这么多。"我们惊讶于价格如此便宜，怀疑黄奶奶已经无法认清行情。此时，黄奶奶竟然道出一句让在场众人侧目的话：

> "平买平卖就好，钱能赚得完吗？如果这样，那些穷人永远都吃不上好的鸡了。"
>
> ——黄牙冷奶奶语录

黄奶奶熬了大半辈子的鸡汤，实则亦是汇合人生智慧的"心灵鸡汤"。

百岁“大侠”

龙卓杏，汉族，1915年生，家住贺州市平桂区沙田镇沙田村。曾经参加过抗日战争的龙卓杏爷爷，如今仍身强体健，能文能武。

马蹄瘦肉汤：

百岁“大侠”的秋季食疗

探秘百寿故事
发现美食传奇
（视频·长寿食谱·交流圈）

蒋婕

龙爷爷颇有“大侠”风范，如今百岁高龄，耍起一手八极拳来，拳势大开大阖，虎虎生风，一招一式的精神气还是十分亮眼。

我们问及龙爷爷的长寿秘诀，他说了一句文绉绉的话：“如水之流，必因所瑞其年；如毛之茂，必因避之其坚。”龙爷爷认为，若要身体健康，必须作息规律，注重食疗养生。

因为龙爷爷年纪大了，牙口不好，孙媳妇常常变着花样给他做美食。龙爷爷向我们介绍了一道用沙田镇的特产马蹄与肉末搭配烹煮出来的味道鲜甜的马蹄肉末汤。

- 马蹄，学名荸荠，口感甜脆，营养丰富，含有蛋白质、脂肪、膳食纤维、β胡萝卜素、维生素B、维生素C、铁、钙和碳水化合物等。
- 马蹄可用来烹调，也可制成淀粉。马蹄的纤维呈球状，易吸附杂物，有很好的清理肠道的功能。
- 马蹄若要生吃一定要把芽眼和外皮彻底清除，否则易导致姜片虫卵进入肠道寄生。

沙田镇的马蹄生吃爽脆、清甜、可口，不过龙爷爷认为马蹄跟肉搭在一起吃口感更具层次感。而且马蹄瘦肉汤有滋阴润燥、凉血清热的功效，对改善肺燥咽干、大便燥结、皮肤干燥很有效。

龙爷爷说，秋天时大部分人会受秋燥气候所影响，这个时候喝马蹄瘦肉汤有食疗功效，效果更佳。

- 将新鲜的马蹄清洗干净，削皮。
- 将瘦肉剁碎，加入削好的马蹄一起混合切碎。
- 将清水放入大锅内，将所有材料加入，用大火煮开，改用中火煲半小时，再加入适量盐调味即可。

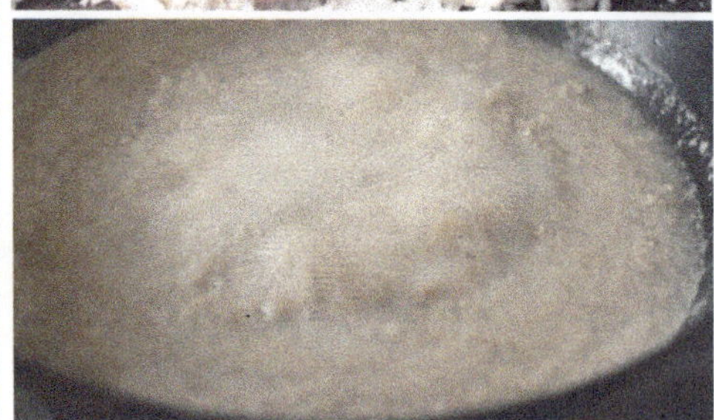

野

国宝级“花生王”

王均秀，汉族，1915年生，家住钦州市浦北县泉水镇垠江村。王均秀奶奶是当地的国宝级百岁老人，年过百岁头发依然乌黑亮丽，她说这得益于她爱吃当地特有的丹竹和家中世代种植的红衣花生。

丹竹液+花生油：

清热润燥，驻颜益寿

胡璇玥

探秘百寿故事
发现美食传奇
（视频·长寿食谱·交流圈）

清热润燥丹竹液

浦北县是“世界长寿之乡”，这里不仅物产丰富，水资源也极为丰富，两大河流穿行而过。我们刚走进青山绿水之间的泉水镇，就被漫山遍野绿意葱茏的竹林给吸引住了。

没想到这个世界上居然有比熊猫还爱“吃”竹子的人，这就是王奶奶。王奶奶是当地国宝级的明星老人，这个“国宝”的名号由来不仅仅是因为她深受晚辈们的爱戴，更因为她独特的饮食习惯——“吃”丹竹。为了解开我们的困惑，揭开丹竹的神秘面纱，王奶奶亲自带我们去寻找新鲜的丹竹液。

丹竹顺着河流而生，喜温暖湿润的气候，对水分的要求高于对气温、土壤的要求，其生长环境既要有充足的水分，又要排水良好。浦北这片富硒的土壤，得天独厚的生态环境，赋予了丹竹优越的生长环境。

王奶奶在茂密的竹林里寻觅了好一会儿，终于找到了“最终目标”，镰刀一挥，丹竹液便顺着劈开的间隙流了出来。“并不是每一棵竹子都有水的，还要会‘听’竹子。”王奶奶用手敲了敲丹竹，凑近耳朵听，“有水的竹子和没水的竹子声音可是不一样的。”新鲜的丹竹液清甜可口，透着淡淡的竹香。王奶奶自豪地告诉我们：“我们这儿的人，世世代代都喝这个！”

浦北本地的丹竹中富含硒、偏硅酸等对人体有益的物质，经常饮用丹竹液能活化人体细胞，起到抗衰老的作用。丹竹液特别适合咽喉炎、高血压、小儿惊风、感冒发烧患者饮用，烟酒后燥热痰积者饮用尤为理想。

- 《本草纲目》记载，丹竹叶气味辛平、大寒、无毒，主治心烦、尿赤、小便不利等。苦竹叶气味苦冷、无毒，主治口疮、目痛、失眠、中风等。
- 经医学鉴定，竹液中具有丰富的营养，能增强人体免疫力，还有清热解毒、镇静止咳、延缓衰老、防癌等功效。
- 抽取竹叶心，食用其白嫩部分，可治疗轻度腹泻。

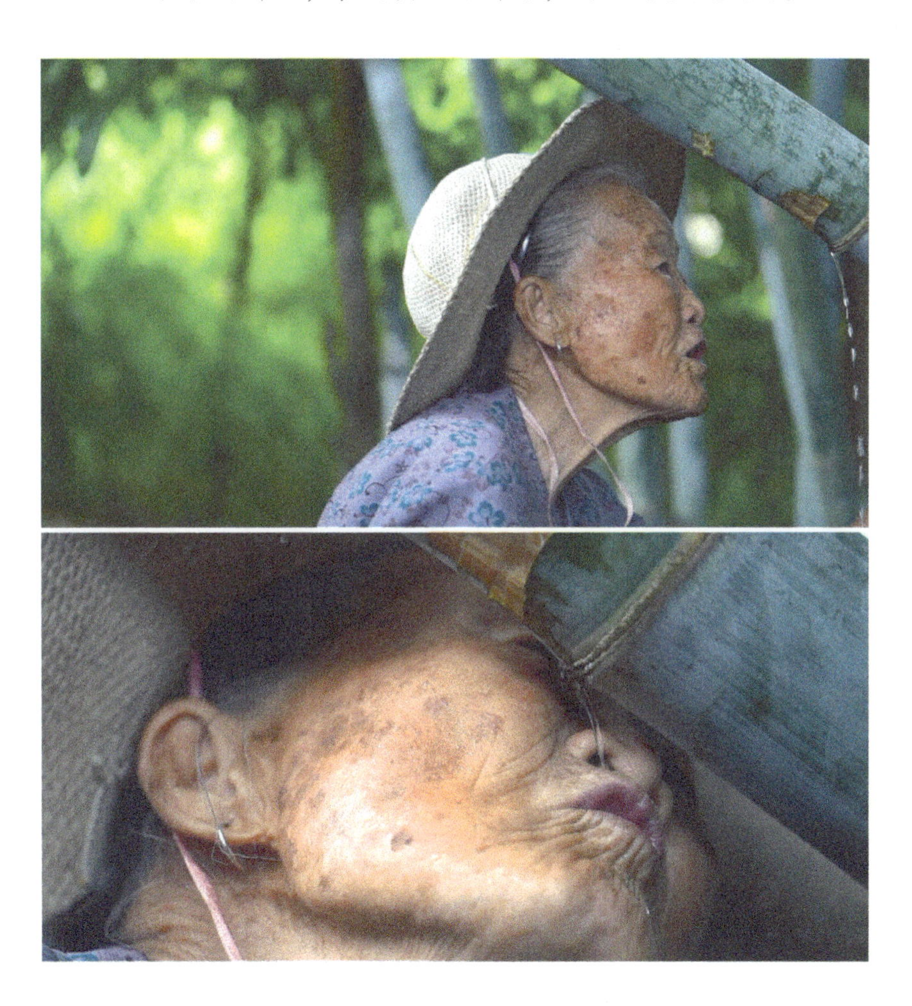

王奶奶“吃”起竹子来可是一套一套的，她说除了像刚才那样直接饮用丹竹液，丹竹还有很多种食用方法，如煲水制成丹竹茶，天然保健的丹竹茶是祖辈们留下的最好的百年养生精品。“这丹竹茶喝了好，喝了皮肤好，心头也爽。”王奶奶很开心地将她新煲好的丹竹茶拿出来与我们分享。

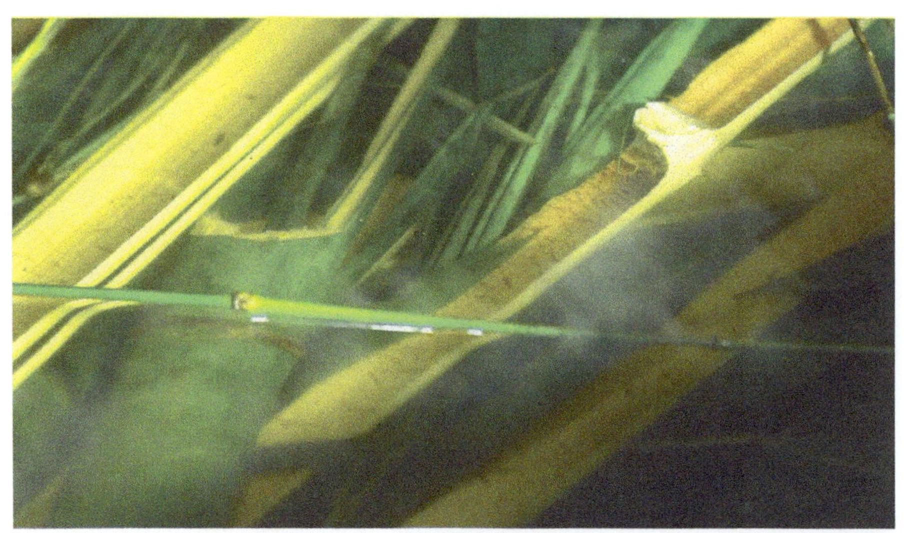

“这个不是普通的茶，是丹竹茶，这可是我们浦北的特产，老祖宗传下来的，男女老少都爱喝。”

——王均秀奶奶语录

- 丹竹茶：将丹竹洗净，劈成条状，待清水煮沸后下入锅中，先用武火煎煮10分钟至丹竹条变成金黄色，再用文火慢煮30分钟，加入冰糖，放凉后饮用，口感绝佳。
- 竹筒饭：将丹竹劈断，加入浸泡过的大米、腊肠、花生等，再用芭蕉叶封口，放入水中蒸煮40分钟即可。
- 药粥：据清代名医曹庭栋所编《老老恒言》载，“竹叶解渴除烦，中暑者宜用竹叶一握、山桅一枚，煎汤去渣，下米煮粥，进一二杯即愈”。

驻颜益寿“长生油”

王奶奶家世代以种花生为生，对怎么选择优质的红衣花生她更是有独到的经验，于是，浦北有企业请她做了红衣花生油的代言人。

“种了100年，我就吃了100年。家里的油都是用自家的红衣花生榨的，吃了人精神，皮肤、气色也好！”

——王均秀奶奶语录

王奶奶现在依旧每天坚持去山上、地里干活，如今是花生收获的季节，她每次干完农活后都会带新鲜花生回家给家人煲汤或者给自己当零食，还常把花生拿去榨花生油。“我老妈什么活都干，拔花生、除草、做饭……我媳妇都不能做了，她还能做。”王奶奶的儿子自豪地说。

“这红衣花生美容养颜，比一般的补品都好，是‘长生果’。”刚从地里摘了花生回来的王奶奶告诉我们。

花生在我国被认为是“十大长寿食品”之一，而浦北盛产的红衣花生更是难得的抗氧化的天然食品，用这样美味的红衣花生榨出的花生油，自然就成了名副其实的“长生油”。

还有红衣花生芽，其所含营养价值要比红衣花生本身高很多，适当吃一些红衣花生芽，不但可以有效地预防心脑血管疾病，抑制癌细胞，对降血脂、降血压也有益。

- 常食用红衣花生，有养血补血、生发乌发、调和脾胃等功效，还可减少冠心病的发病概率。

- 常食用花生油，可使人体内胆固醇分解为胆汁酸排出体外，从而降低血浆中胆固醇的含量，还可保护血管壁，防止血栓形成，有助于预防动脉硬化和冠心病。

- 花生油中所含胆碱，可改善人脑的记忆力，延缓脑功能衰退。

- 花生中含有益寿延年的白藜芦醇、单不饱和脂肪酸和β-谷甾醇等成分，实验证明，这三种物质是肿瘤类疾病的化学预防剂，也是降低血小板凝聚、防治动脉硬化及心脑血管疾病的化学预防剂。

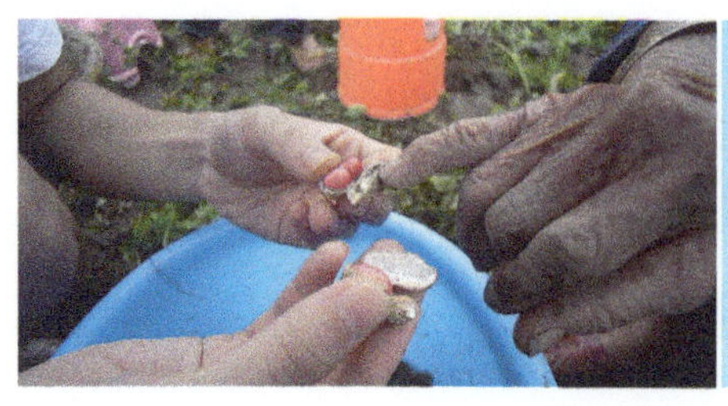

种花生、摘花生、剥花生这些事在王奶奶眼里，都不算事。从小跟在父辈的身后，世代以种花生为生，对怎么吃花生她可有着自己的独到经验。

红衣花生仁可以用来炖猪脚汤，王奶奶每次都会喝上一两碗。红衣花生仁也可以用来做菜。红衣花生芽则是王奶奶的最爱。红衣花生芽生吃口感爽脆，味道清甜，还可以用来热炒、做泡菜、涮锅或凉拌等。

- 红衣花生猪脚汤：将猪脚去毛，洗净，切块，焯水；在砂锅内放入处理过的猪脚、生姜、料酒、红衣花生、盐少许，小火慢炖直至猪脚用筷子可以轻易穿透即可。

● 红衣花生芽炒肉片：将猪肉切片，放入生姜、料酒、生粉、盐、酱油腌制数分钟；大火烧热油锅，下入姜、蒜末炒香，再下入腌制好的肉片翻炒；待肉片少许变色后下入新鲜的红衣花生芽，煸炒至肉片全熟即可。

● 油炸红衣花生：将红衣花生洗净后，晾干待用；凉油下锅，放入红衣花生翻炒，至锅内几乎没有小泡时捞出；装盘后趁热洒上少许白酒，搅拌均匀摊平，待其全凉后再撒上少许食盐。

爱吃“翡翠”的“艾奶奶”

周月青，壮族，1917年生，家住防城港市上思县思阳镇江平村。用上思香糯制作成的艾叶糍粑，是周月青奶奶春天时最爱吃的养生甜品。

艾叶糍粑：

能吃的“翡翠”，香甜软糯还养生

探秘百寿故事
发现美食传奇
（视频·长寿食谱·交流圈）

莫耀瑛

十万大山地处桂西南，群山连绵，植被茂密，空气清新怡人，是天然“氧吧”。位于十万大山脚下的上思县物产丰饶，出产的糯米是当地一绝。用上思香糯制作的艾叶糍粑，颜色翠绿，如翡翠一般，又有“翡翠糍粑”的美称。

春天，草长莺飞，万物复苏，正是艾叶最鲜嫩的时候。上思当地有食用艾叶的传统，每年春天雨后，百姓们都会到田间地头采摘新鲜的艾叶。青翠欲滴的艾叶上还凝结着雨水，采摘时只取枝叶上最鲜嫩的部分，这是制作艾叶糍粑最佳的原料。清明前后是食用艾叶的最佳时节，此时做出的艾叶糍粑最为美味。

这道周奶奶吃了近百年的美食一直是她的最爱，她每年春天都要亲自做上满满一锅，供家人品尝。要制作艾叶糍粑并不容易，工序多，耗时费力，因此今年周奶奶把这项差事交给了曾孙媳妇。

- 把糯米淘净，磨成细腻的糯米粉。
- 把花生入锅翻炒，煸炒到花生微微泛黄、出香味，放凉后去皮、捣碎，然后放入红糖和白糖，糖拌花生馅就做好了。
- 把艾叶清洗干净，放入锅中煮至艾叶成细丝状，将其取出放在清水中过一下，再加入适量白糖，仔细揉搓。
- 在揉好的艾叶中加入糯米粉，再加入适量水，揉成艾叶糯米团。
- 将艾叶糯米团分成若干份，每一份可直接搓成圆形，也可在其中加入之前做好的糖拌花生馅。再把粽叶剪成小块，将包好的艾叶糍粑放在上面，放到锅里隔水蒸10分钟至15分钟即可。

周奶奶在一旁指点着，曾孙媳妇手脚很麻利，很快就把艾叶糍粑做好了。上锅蒸上十几分钟，一道专属春天的美味就出锅了，一个个艾叶糍粑有如饱满可爱的“翡翠”，煞是好看。

中国人讲究药食同源，而艾叶既是食材也是药材。

“艾叶糍粑很好吃，我都吃很多年了。但是男人们不爱吃，他们爱喝酒，爱吃肉，不爱吃糯米。”

——周月青奶奶语录

- 艾叶的主要药理成分为挥发油。
- 艾叶中还含有黄酮、多糖等多种生物活性物质及丰富的微量元素，具有镇咳平喘等多种功效。
- 艾草性味苦、辛、温，入脾、肝、肾。《本草纲目》载，艾以叶入药，性温、味苦、无毒，纯阳之性，通十二经，具回阳、理气血、逐湿寒、止血安胎等功效，亦常用于针灸，故又称为“医草”。
- 清明过后不久是端午，此时有用艾叶洗澡以驱邪祛病的传统习俗。

食“仙草”的老人

韦乜力，瑶族，1913年生，家住河市巴马瑶族自治县所略乡百久村。韦乜奶奶身手矫健，常帮家人照顾小孩，空之余还会上山砍柴，扛一大捆柴下山都在话下。

鱼腥草：

身手矫健南山寿的秘密

探秘百寿故事
发现美食传奇
（视频·长寿食谱·交流圈）

胡璇玥

韦奶奶跟我们聊天的时候，突然冒出一句：“这种叶子你们见过没？”说着便从地上摘了一片心形的叶子递给我们。我们左瞧右瞧，也没瞧出个所以然来，没有一个人能说得上来这是什么植物的叶子。

“这就是鱼腥草，你们肯定没见过它的叶子吧！”韦奶奶一边说一边用手揉搓那片叶子。

果然，小叶子被揉搓后，发出了一股淡淡又熟悉的味道。“这是鱼腥草的味道啊！”我们恍然大悟。平时在市场里往往只见过鱼腥草根，难得见到鱼腥草叶子。

韦奶奶又摘了几片鱼腥草叶子用衣角擦拭后就直接往嘴里塞，边嚼边说：“你们肯定不知道，这也能吃，味道还不错，你们也尝尝。”我们都尝了一下，感觉味道挺特别的。

韦奶奶不仅自己喜欢吃鱼腥草，还经常到山上采摘鱼腥草带回家给孩子们煮凉茶，或是做成凉拌开胃小菜给孩子们消暑。韦奶奶告诉我们，家里若有人出现发热症状，煲一壶鱼腥草凉茶喝下，保证药到病除。

“天气变化的时候身体不舒服，感冒头痛的时候就吃鱼腥草，我100多年来都是这么吃的。”

——韦乜力奶奶语录

韦奶奶的儿子说："从小妈妈就经常摘这个给我们吃，这可真是个宝贝，吃了解暑解乏，做工都不觉得累了。"

- 抗菌：鱼胆草素是鱼腥草的主要抗菌成分，对卡他球菌、流感杆菌、肺炎球菌、金黄色葡萄球菌等有明显抑制作用。

- 利尿：鱼腥草还含有槲皮甙等有效成分，具有抗病毒和利尿作用。

- 消炎：临床实践证明，鱼腥草对上呼吸道感染、支气管炎、肺炎、慢性气管炎、慢性宫颈炎、百日咳等均有较好的疗效，对急性结膜炎、尿路感染等也有一定疗效。

- 增强免疫力：鱼腥草还能增强机体免疫功能，增加白细胞吞噬能力，具有镇痛、止咳、止血，促进组织再生，扩张毛细血管、增加血流量等作用。

在南方，鱼腥草多用来煲凉茶，很少有人将鱼腥草作为一道菜。而韦奶奶把鱼腥草变成了家中一道必不可少的家常菜，她制作出来的美味的凉拌鱼腥草，孩子们非常喜欢。

- 将鱼腥草的老根、须掐去，留下嫩白根及叶，用清水洗净。
- 凉拌前最好将洗净后的鱼腥草用冷水浸泡10分钟，待异味消除后，捞出沥干水分。
- 把鱼腥草、盐渍柠檬切碎，倒入酱油，拌匀即可。

吃得“苦中苦”的“人上人”

罗乜安，瑶族，1911年生，家住河池市巴马瑶族自治县西山乡卡才村。罗乜安奶奶吃了一辈子的苦，在这大山之中，见证了最后一个封建王朝的灭亡，也看到了一个发展中的中国。

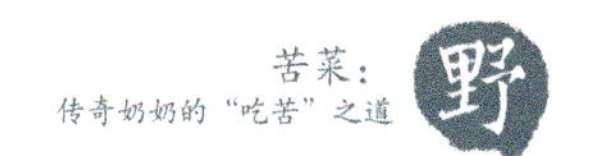

苦菜：
传奇奶奶的"吃苦"之道

探秘百寿故事
发现美食传奇
（视频·长寿食谱·交流圈）

胡璇玥

车子缓缓地在山间行驶，青山绿水，陡峭的崖壁，让我们不禁感叹大自然的神奇，同时也感叹罗奶奶回家之路的艰辛。走着走着，车子驶入一个村子，罗奶奶家终于到了。一位慈祥的老人背着背篓站在路口等着，见到我们，她的眼神里透着激动，二话不说就带着我们朝家里走去。

看到罗奶奶的背篓里有很多植物，我们好奇地问道："这是什么？"罗奶奶故弄玄虚地告诉我们："这是拿来吃苦的，'吃得苦中苦，方为人上人'。"

罗奶奶长寿的秘诀竟然是"吃苦"？！"对身体好啊，从小到大，我就喜欢这山里的苦菜，苦菜好，清热解毒。"原来罗奶奶说的"吃苦"就是吃苦菜，一生的"吃苦"习惯，也给了她一生的健康长寿。

"要说我的长寿秘诀是什么，那就是吃苦，吃苦菜，自找'苦吃'。吃苦长寿，一味贪图享受就没那么长寿了。"

——罗乜安奶奶语录

罗奶奶说她最爱这石山里的苦菜，走在山间看见了，都忍不住生吃一口解解乏。“天气太热了，吃上一口，感觉都精神很多。”罗奶奶说。

翻上石山，石山的缝隙间种植着很多玉米，罗奶奶说这玉米地里就有她喜欢的苦菜。

“苦菜伴着玉米而生，纯天然，无污染，无农药。”罗奶奶边说着，边用手拿了一撮绿色的叶子塞进了嘴里，叭叽叭叽地吃起来。

生吃苦菜，没错，并不需要“添油加醋”，苦菜一直只以它那最原汁原味的姿态展现在罗奶奶的眼前，罗奶奶咀嚼着它们，体味着那一份清苦，也体味着100多年来的社会变迁。

苦菜，学名苦苣菜，又叫败酱草，是药食两用植物。一般带苦味的食物都具有降火的作用，苦菜也不例外，它的主要功效就是降火、清热解毒。

- 苦菜可防治贫血，消暑保健。苦菜中含有丰富的β胡萝卜素、维生素C及钾盐、钙盐等，对预防和治疗贫血病，维持人体正常的生理活动，促进生长发育和消暑保健有较好的作用。

- 苦菜可清热解毒，杀菌消炎。苦菜中含有蒲公英甾醇、胆碱等成分，对金黄色葡萄球菌耐药菌株、溶血性链球菌有较强的杀菌作用，对肺炎双球菌、脑膜炎球菌、白喉杆菌、绿脓杆菌、痢疾杆菌等也有一定的杀伤作用，故对黄疸型肝炎、咽喉炎、细菌性痢疾、感冒发热及慢性气管炎、扁桃体炎等均有一定的疗效。

- 苦菜可防治癌症。苦菜水煎剂对急性淋巴型白血病、急慢性粒细胞白血病患者的血细胞脱氧酶有明显的抑制作用，还可用于防治宫颈癌、直肠癌、肛门癌。

中法混血奶奶

苏水琴，壮族，1914年生，家住崇左市龙州县县城。中法混血的苏水琴奶奶爱吃，也会吃，最喜欢吃的就是假蒌包肉，还有晶莹剔透的桄榔粉。

假蒌包肉+桄榔粉：

混血奶奶的长寿美食

莫耀瑛

探秘百寿故事
发现美食传奇
（视频·长寿食谱·交流圈）

有特殊香气的假蒌包肉

龙州风景秀美，左江穿城而过，两岸尽是边关风情。除了法国领事馆，具有法国风情的建筑元素在龙州随处可见，就连寻常人家也是如此，苏奶奶家里就有一个法式楼梯。苏奶奶的父亲是法国人，拥有中法两国血统的苏奶奶当年可是个远近闻名的混血美人。高鼻梁，深眼窝，苏奶奶举手投足间，活脱脱就是一个精致的法国老太太。

龙州毗邻越南，两地的风俗、饮食习惯非常相似。越南人做菜喜欢用香料，假蒌就是其中一种。假蒌是一种盛产于南方的草本植物，生命力极强，经常生长于树下或墙角。龙州百姓也喜欢用假蒌做菜，用假蒌做出来的食物有一种特殊的香气。

- 假蒌可温中散寒，祛风利湿，消肿止痛，全身皆可入药。
- 食用假蒌可祛热毒，南方天气湿热，宜适量食用假蒌。
- 当地人常把假蒌加水熬煮，用煮出来的汁水洗浴，可消除身体的肿痛。

用假蒌叶制作的肉夹很美味，且营养丰富。苏奶奶爱吃，也会吃，而假蒌包肉就是她的最爱。

- 把猪肉或牛肉剁碎，制成肉糜，加入适量食盐，拌匀。
- 将假蒌叶洗净，每次取用两三片包裹肉糜，或呈方形，或呈长条状。
- 四面包好后，叶边漏出一点点叶柄，将叶柄反插进叶子里，整个假蒌包肉就紧实了。
- 假蒌包肉可油煎，可清蒸。

苏奶奶喜欢吃油煎假蒌包肉，虽说也有清蒸的做法，但她却觉得那样做出来的不够香。假蒌叶需要用高温油炸，才能逼出其独特的香气。

油开了，把假蒌包肉一个个放入，不时翻面。炙热的油不一会儿就逼出了假蒌的香气，不同于寻常的蒜香，那是一种奇妙的草木香。迷迭香、香茅、紫苏、香菜这些香料都自带一种特别的香味，爱的人赞不绝口，吃不惯这味道的人是万万不敢碰的。

假蒌包肉煎好了，苏奶奶热情地邀请我们品尝。一口下去，假蒌的清香渗透进了肉里，肉饼有了植物的熏陶，叶片也解了煎炸肉糜的油腻，两者的滋味相得益彰，顿时奇香满口。

"假蒌拿来包肉很好吃。把叶子的叶柄插进去就稳了，记得要留长一点才能穿进去啊。"

——苏水琴奶奶语录

晶莹剔透桄榔粉

桄榔粉是广西传统特产，是广西“四大名粉”之一。每年夏天，选择桂西南深山中特有的未开花的桄榔树砍倒，取出赤黄色的髓心，砍成小段，放到石臼中舂烂，用石磨磨成粉，这就是桄榔粉。龙州物产丰富，出产的乌龙茶、蚬木砧板、桄榔粉被誉为“龙州三宝”。广西百姓食用桄榔粉的历史悠久，据考证可追溯至唐代。

- 据《本草纲目》《海药本草》等古书记载，桄榔粉味甘平，无毒，做饼炙食腴美，令人不饥，补益虚羸损，腰脚乏力，久服轻身辟谷。

- 桄榔粉老少皆宜，具有无脂、低热能、高纤维等特点，老人、小孩食用，鲜美爽口，易于消化。特别适宜体质虚弱、消化不良、神疲乏力之人食用，经常食用还可增强体质。

- 桄榔粉中含有铜、铁、锌等多种人体必需的微量元素，有祛湿热和滋补的功能，对小儿疳积、发热、痢疾、咽喉炎症等有辅助治疗作用。

苏奶奶打小就特别喜欢吃桄榔粉。如今苏奶奶已上百岁，仍身体硬朗，很少生病。

“食能以时，身必无灾。”按时吃饭是苏奶奶百年来养成的好习惯，即使生病了也会努力让自己多吃饭。即使她偶尔染病，胃口却是一点不减的，桄榔粉也是不能少的。她儿子说：“我妈不管生什么病，就一定要吃这么多。”儿媳妇在一旁插了一句：“一定要吃桄榔粉，还让你弄快一点。”

桄榔粉就是一种可以迅速补充人体能量的食物，它清爽可口，即使食欲不振的人也可以喝上一大碗。

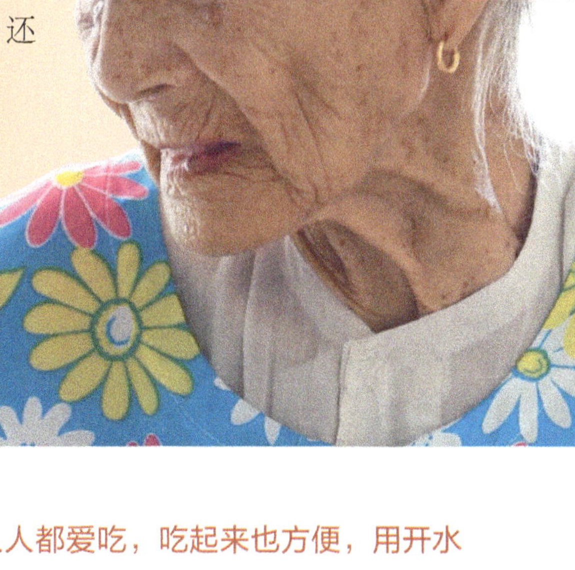

“桄榔粉是凉性的，人人都爱吃，吃起来也方便，用开水一冲就能吃了。”

——苏水琴奶奶语录

会酿酒的百岁老兵

梁振造，壮族，1917年生，家住南宁市隆安县布泉乡兴隆村。梁振造爷爷参加过解放战争，为了新中国成立立下卓越战功。如今，梁爷爷深居简出，修养在家，自得其乐。

仙人掌+铁皮石斛+养生酒：

百岁老兵的另类食谱

探秘百寿故事
发现美食传奇
（视频·长寿食谱·交流圈）

胡璇玥

我们沿着一条崎岖的山间小道缓步上行，前去拜访传奇的梁爷爷。山间远处，一幢房前屋后栽满仙人掌的房子映入我们眼帘，一位慈祥的老爷爷站在房前，朝我们挥着双手。

能治胃病的仙人掌

梁爷爷说种的那么多仙人掌是他的长寿食谱中最重要的一样食材。“爷爷，您给看看，这些仙人掌能不能吃呢？”出于好奇，我们把从花鸟市场采购的一些其他品种的仙人掌一一摆在了梁爷爷面前。

“仙人掌对我来说不仅是一道菜，更是一味药，吃了就可以活到150岁！”

——梁振造爷爷语录

“你买的这些我都没吃过，你看，我吃的这种大大的，长得像鞋垫，肉厚，还会开花结果，果肉也是酸酸的。”梁爷爷指着自己种的仙人掌说，“你们可不能乱吃，你的这些我100年都没吃过。你看我吃的这种就没问题。”原来，并不是所有的仙人掌都可以食用。

- 食用仙人掌中含有丰富的钾、钙、铁、铜、多糖、黄酮类物质，钠含量低，不含草酸，长期食用能有效降低血糖、血脂和胆固醇，具有活血、化瘀、消炎、润肠、美容的功效。

- 《本草纲目拾遗》载，仙人掌味淡性寒，功能行气活血，清热解毒，消肿止痛，健脾止泻，安神利尿。

- 《岭南采药录》载，仙人掌焙热熨之，用于治疗乳痈初起结核。

听家里人的介绍，梁爷爷出生于饥荒年代，当时饥肠辘辘是常态，所以他年轻的时候一直胃病缠身。现在梁爷爷的胃病已经痊愈，而这痊愈既不是靠医生的妙手回春，也不是因为大自然的馈赠，据梁爷爷说是他长期食用仙人掌所致。按照梁爷爷的说法：

我们都很好奇这神奇的仙人掌该如何食用，梁爷爷见我们一脸迷茫，笑着说："仙人掌要搭配猪肚炖着吃才有功效的，我来给你们讲讲。"

- 《闽东本草》载，治久患胃痛，仙人掌根一至二两，配猪肚炖服。
- 《本草经疏》载，猪肚补脾之要品。脾胃得补，则中气益，利自止矣；补益脾胃，则精血自生，虚劳自愈。
- 挑选新鲜翠绿的仙人掌，用刀刮去其表层的刺，然后在中间开个口，将猪肚切片，放入仙人掌内，隔水蒸1小时，待猪肚软糯即可。

"来来来，先喝口爽滑的猪肚仙人掌原汤，再来尝一口仙人掌味的猪肚。"梁爷爷热情地招呼着我们品尝他秘制的仙人掌炖猪肚。

“食为天”的野生铁皮石斛

饭后，梁爷爷又向我们介绍他常年使用的另一样食材：“我们这山里宝贝多了去了，那野生铁皮石斛可是最好的东西！”原来，梁爷爷家所在的兴隆村是个典型的喀斯特地貌的小村子，崎岖的山路，环绕的大山，群山给了他用之不尽的“山珍”。

梁爷爷年纪大了，已不能跋山涉水去寻找山里的野生铁皮石斛了，他就叫儿子带着我们上山去寻。“要到那个山去，看看那边有没有紫色的小花，有花才有哦。”梁爷爷的儿子梁大哥拿着望远镜朝对面山上望去，“就在那座山了，在山崖里面。有点危险，危险的地方才有啊！”

都说“好山好水好食材，富贵也是险中求”，这句话用来形容采摘野生铁皮石斛最恰当不过了。跟随着梁大哥的步伐，我们已经爬过了几座山，期间却只看见零星的铁皮石斛。

功夫不负有心人，我们终于找到了苦苦寻找的铁皮石斛。“这就是了，能吃的都是药材，胜似‘仙草’啊！”梁大哥说着便将铁皮石斛往嘴里塞。

- 《中国药学大词典》称，铁皮石斛“专滋肺胃之气液，气液冲旺，肾水自生”。
- 清代《药性论》载，铁皮石斛能补肾积精、养胃阴、益气力、补益脾胃。
- 《神农本草经》《本草再新》中均记载，铁皮石斛是益胃生津药，可用于治疗胃脘痛、上腹胀痛。
- 铁皮石斛具有滋养肝胆的作用。
- 铁皮石斛自古以来就是治疗糖尿病的专用药。

儿子辛苦的采摘，是为了让自己的父亲每日能品上一口野生铁皮石斛茶。这简简单单的一口茶，包含着对健康的理解，更包含着儿子对父亲年年益寿的期许。梁爷爷手握一杯铁皮石斛茶，口中不自觉地念叨着："人生一杯铁皮石斛茶，赛过天上活神仙！"

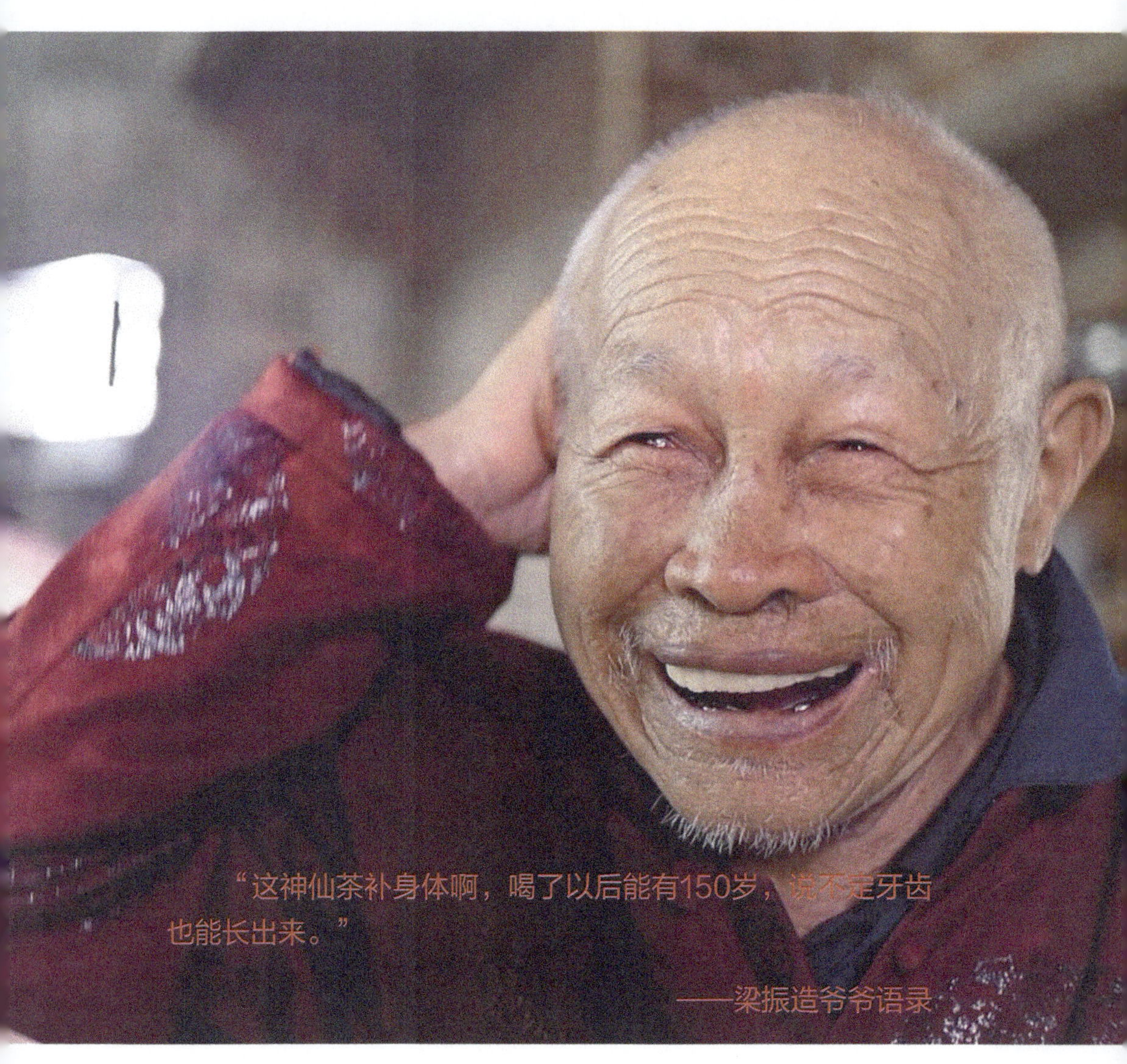

"这神仙茶补身体啊，喝了以后能有150岁，说不定牙齿也能长出来。"
——梁振造爷爷语录

- 铁皮石斛茶：洗净铁皮石斛，用水浸泡10分钟，以武火煮沸，再以文火煮30分钟，即可。
- 铁皮石斛汤：取新鲜的铁皮石斛若干，以清水洗净，拍裂后切片或切段，根据个人喜好可煲鸡、鸭和猪骨等。
- 铁皮石斛汁：铁皮石斛洗净，用榨汁机按10：1加水，打汁食用，加入蜂蜜味道更佳。铁皮石斛汁有醒酒护肝、减轻头痛的功效。

蜜蜂＋榕树须＋竹虫=养生酒

梁爷爷在家里闲不住，没事喂喂鸡鸭，采采猪草，要不就上山寻些野菜或药材。可梁爷爷最心心念的，还是他家楼顶养着的几大箱子蜜蜂。

梁爷爷家里平时吃的蜂蜜都是自家的蜂箱采来的，所以他对这些蜜蜂格外上心，每天都要爬到楼顶守着它们，生怕有鸟虫过来破坏。可即便每日精心照料，也难免有不少“大将”折损，对于处理这些蜜蜂的尸体，梁爷爷很是得心应手。“这些可以用来酿酒呀。”他告诉我们。

梁爷爷的小儿媳告诉我们，梁爷爷特制的补气强身养身酒很讲究，里边光是药材就有20多种，而这些药材的配制，是梁爷爷多年来自己琢磨出来的。小儿媳说，“这是老爸的秘方，他一有空就上山找，里边有蜜蜂、黄蜂、榕树须、稔子，还有竹子里的白色虫子。”

为了展示自己秘制药酒的独特之处，梁爷爷还特意带着我们一起去寻找用来酿酒的宝贝们。“酒不能多喝，每天我就喝这么一小杯。”梁爷爷说，“这酒很补的，解乏，喝了精神好。”

“我喝了30多年，不管好不好，我的身体摆在这里，都100多岁了！”

——梁振造爷爷语录

酒里蜜蜂

稔子果

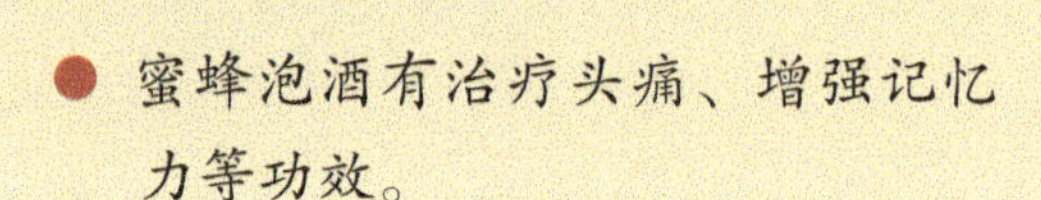

- 蜜蜂泡酒有治疗头痛、增强记忆力等功效。
- 黄蜂泡酒有祛风除湿、舒筋骨、增强体质等功效。
- 榕树须（气生根）泡酒有祛风清热、清热解毒等功效。《生草药性备要》载，榕树须“浸酒饮，治伤散瘀”。
- 稔子泡酒，可强筋壮骨、补血安神、祛风活络、乌发提神。
- 竹虫含有丰富的蛋白质、矿物质等，泡酒营养丰富又全面。

榕树须

竹虫

养生酒

杂

百岁“粉丝”

黄贤珍，汉族，1916年生，家住柳州市鱼峰区。每天在街头巷口“搞”（桂柳方言，吃）上一碗地道的螺蛳粉，是黄贤珍奶奶一天之中最快乐的事。

螺蛳粉：
“百岁辣仙”的快乐源泉

探秘百寿故事
发现美食传奇
（视频·长寿食谱·交流圈）

侯幽　蒋婕　周金兰

广西人无粉不欢，每天消耗掉的米粉食材要按吨计。螺蛳粉，这种让人爱恨交织的“重口味”美食，从20世纪70年代诞生至今，虽然只有40多年的历史，却以超高的知名度“碾压”整个广西粉界，继而火遍全中国，甚至在全世界都收获了无数的粉丝。现在，柳州螺蛳粉已经完成了从街头小吃到“网红”食品的华丽转身，从“柳州味”晋升到“国际味”，从现煮堂食发展到方便袋装，从地方美食火爆到热销全球并迅速形成产业，柳州螺蛳粉如今正朝着百亿产业的目标阔步前行。

柳州，螺蛳粉的生长之地，一个无辣不欢的钢铁之城，一个繁花似锦的宜居之城。在这座城里，住着“无辣不欢”的黄贤珍奶奶。黄奶奶午餐、晚餐都必须吃辣，可谓吃辣吃了近百年，因此，对柳州螺蛳粉，黄奶奶有着绝对的发言权。

在柳州，寻找螺蛳粉是件很简单的事情，只要寻着一股浓浓的“臭”味而去就能得偿所愿。我们与黄奶奶的初次见面就约在了街头转角的一家螺蛳粉小店里，当时她正快乐地享用着一碗地道的螺蛳粉。黄奶奶笑着对我们说：“吃螺蛳粉，一定要有酸笋，一定要吃辣的，这样才够味。”没错，酸笋就是螺蛳粉的灵魂食材，那股臭味就是来自酸笋。酸笋是新鲜笋经工艺发酵后酸化而成的，其味道让许多人“退避三舍”，但懂得欣赏其内涵的人，就会知道它是香而不腐的，闻之开胃，思之流涎，吃之打滚。

“我就喜欢吃螺蛳粉，不够辣我还要加辣椒。”

——黄贤珍奶奶语录

作为一位老"粉丝"，黄奶奶告诉我们螺蛳粉的正确吃法："螺蛳粉好不好吃，除了汤好以外，配料很关键，你看，酸笋，加上油果、腐竹、酸豆角、木耳、花生、青菜……和粉捞一起，几鬼（桂柳方言，非常）好吃！"我们食指大动，立马操起筷子，将这些五颜六色的美味食材伴着弹滑的米粉一起送入口中，混着浓香的辣油味瞬间充盈整个口腔，让味觉、嗅觉和视觉同时得到满足。

吃完米粉和配菜，按照黄奶奶的叮嘱再喝上几口浓香的辣汤，让快乐延续。黄奶奶看我们吃的热辣酸爽满头大汗，突然说了一句："哎，忘记喊你们加卤蛋和鸭脚了，还来一碗咩？"看着金黄入味酥香的鸭脚，我们使劲咽了咽口水，胃里装不下了，嘴上却很诚实，"老板，打包两个鸭脚，加辣！"是的，不辣的螺蛳粉对柳州人来说是不存在的，螺蛳粉的辣会让人上瘾，吃辣可以刺激人的味蕾，带来快感。据黄奶奶说，南方湿气重，吃辣可以温中健胃，散寒燥湿，不过肠胃不好的人还是要根据身体情况量力而为。

- 将米粉用冷水泡1小时以后待用。
- 油锅中倒进辣椒粉，制成辣椒油待用。
- 把螺蛳肉、猪骨头清洗干净，放入大锅水中，再加入三奈、八角、丁香等多种香料，熬制成螺蛳汤后倒入辣椒油。
- 备好各种配料如酸笋、炸腐竹、木耳、酸豆角、花生、青菜等待用。
- 再烧半锅水，水里放盐搅拌均匀，水滚后把米粉放入烫一下再捞起。
- 加入各种配料，倒入螺蛳汤即可。

我们代表广大“吃货”问了黄奶奶一个很重要的问题：“螺蛳粉里边为什么没有螺蛳肉呢？”黄奶奶告诉我们，螺蛳粉之所以叫“螺蛳粉”，是因为螺蛳粉的汤是用处理干净的螺蛳加上猪大骨再配上多种香料熬制而成的，且不同的店熬汤有自己的配方，因此口感上会略有区别。而且，螺蛳汤还有很多讲究，如油要足，汤要烫，辣椒要够辣，要在汤面上看见红红的一片辣椒油；酸笋不能太酸，萝卜干不能太甜，腐竹和花生要炸得恰到好处；等等。

吃完螺蛳粉，黄奶奶的小儿子刚好过来接她，忍不住唠叨了一句：“少吃点辣，年纪都这么大了，太刺激肠胃。”一听这话，黄奶奶的暴脾气就上来了：“我年纪这么大了，吃辣也活到100岁了，还要你管？！我能不能吃辣我自己还不知道？！”

黄奶奶的小儿子告诉我们，黄奶奶年纪大了，如果不能吃辣，胃口就会变差，饭量会减少，营养容易跟不上，所以她既然爱吃，家里人是从来不管的。但她也太能吃辣了，已经到了无辣不欢的程度，值得庆幸的是，辣椒对她的身体并无害处。

黄奶奶爱吃辣，性子也是典型的柳州辣妹子，直来直去的，一直是朋友圈中的“大姐大”。黄奶奶每天只要有空，就会约上几个好友走到公园去聊天，分享人生故事，生活过得潇洒自在。

百岁“织锦达人”

农美琼，壮族，1914年生，家住崇左市龙州县逐卜乡三叉村。农美琼奶奶不仅会做结构严谨、工艺繁复的民族织锦花边，也是做蒸糕的一把好手。

卷筒粉：

“卷”出来的长寿

探秘百寿故事
发现美食传奇
（视频·长寿食谱·交流圈）

蒋婕　龙思云

“无粉不广西。”在广西，每天早上的一碗粉，就是家乡的味道。崇左市的两个长寿之乡龙州县和扶绥县的居民，都钟爱同一种百年老味道，那就是卷筒粉。

龙州版卷筒粉——蒸糕

龙州是祖国西南边陲上的长寿之乡。在这里，大多数人喜欢用一种由越南小吃改良而成的街头美食——卷筒粉，来开启一天的生活。卷筒粉在龙州又称作“蒸糕”。

农奶奶是十里八乡有名的“织锦达人”，做起蒸糕来也是一把好手。家中的老石磨比儿子的年纪还要大，农奶奶推起磨来却并不怎么费力。“不怎么累的。”农奶奶说，“以前每天都要推磨磨米，做蒸糕吃。”

- 陈年大米浸水，泡至饱和。
- 用石磨碾出细密的米浆，将米浆均匀地铺满托盘。
- 在米浆中撒上调制好的馅料，入锅蒸熟即可。

蒸好的蒸糕香气四溢，软滑鲜香。农奶奶告诉我们：“这个软软的，好嚼。”连农奶奶家的小猫咪，都想尝尝蒸糕的味道呢。

百年古镇里的百岁寿星：

黄丹影，汉族，1915年生，家住崇左市扶绥县新宁镇城厢西街。黄丹影奶奶家所在的城厢西街地处始建于1567年的新宁州，她家的老房子就是清道光年间广东布政使邓廷楠的祖屋。

扶绥老味道——手抓卷筒粉

记住一座城的方式有很多，或许是建筑，或许是淳朴的民风，但最原始的就是对美食的记忆。悠悠城厢，那一瓢一勺，都散发着食物的芳香。今天，黄丹影奶奶——这位在古镇中居住已久的“古人”，要带我们去找寻她记忆中的城厢老味道——手抓卷筒粉。

手抓卷筒粉不难做，关键在于对城厢老味道的记忆。做手抓卷筒粉不能用新米，只有用放了一年的陈米才能做出手抓卷筒粉的老味道。

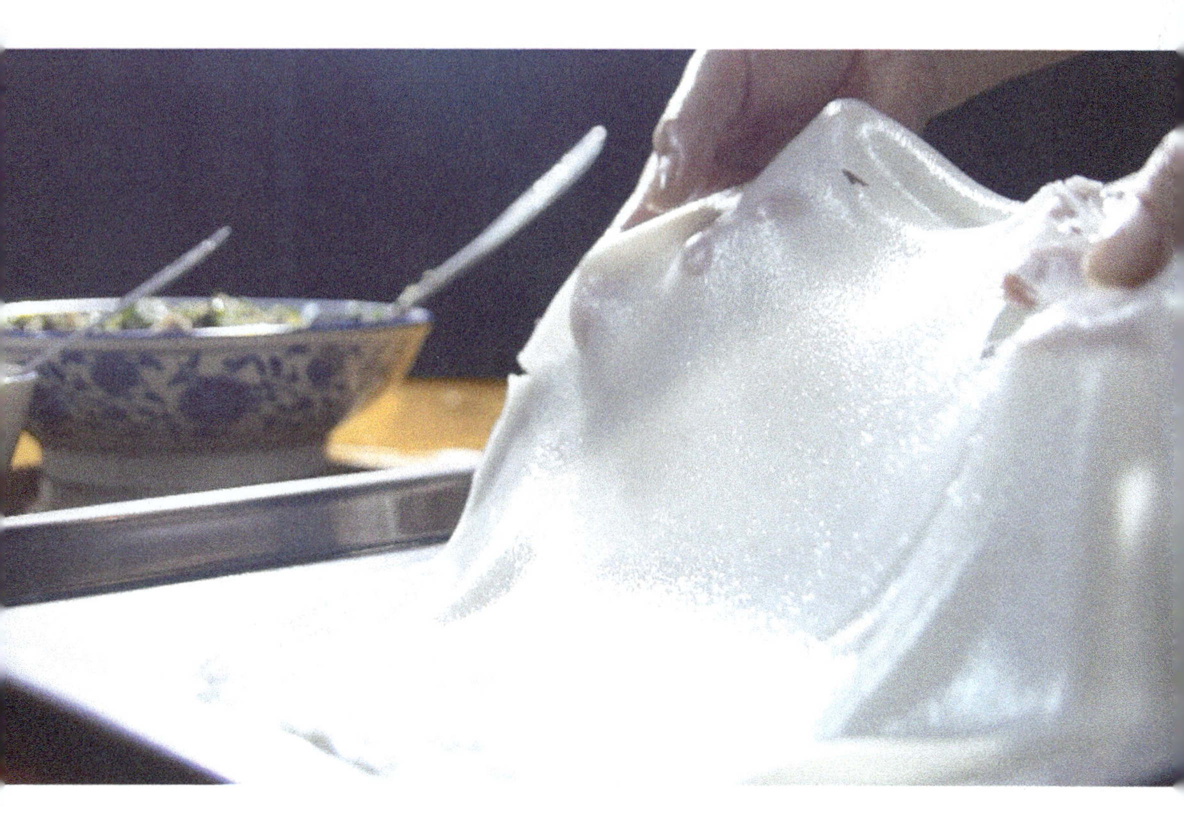

- 将陈米磨成米浆备用。
- 将米浆铺满蒸屉，隔水蒸米浆。
- 在米浆蒸成的粉皮上浇上酱汁，放上调配好的肉馅，轻轻一卷即可。

把卷筒粉抓在手上吃，才是手抓卷筒粉的精髓。黄奶奶说，只有城厢人才能做出软糯筋道的口感。这就是城厢的老味道，也是黄奶奶对这座古镇的百年记忆。

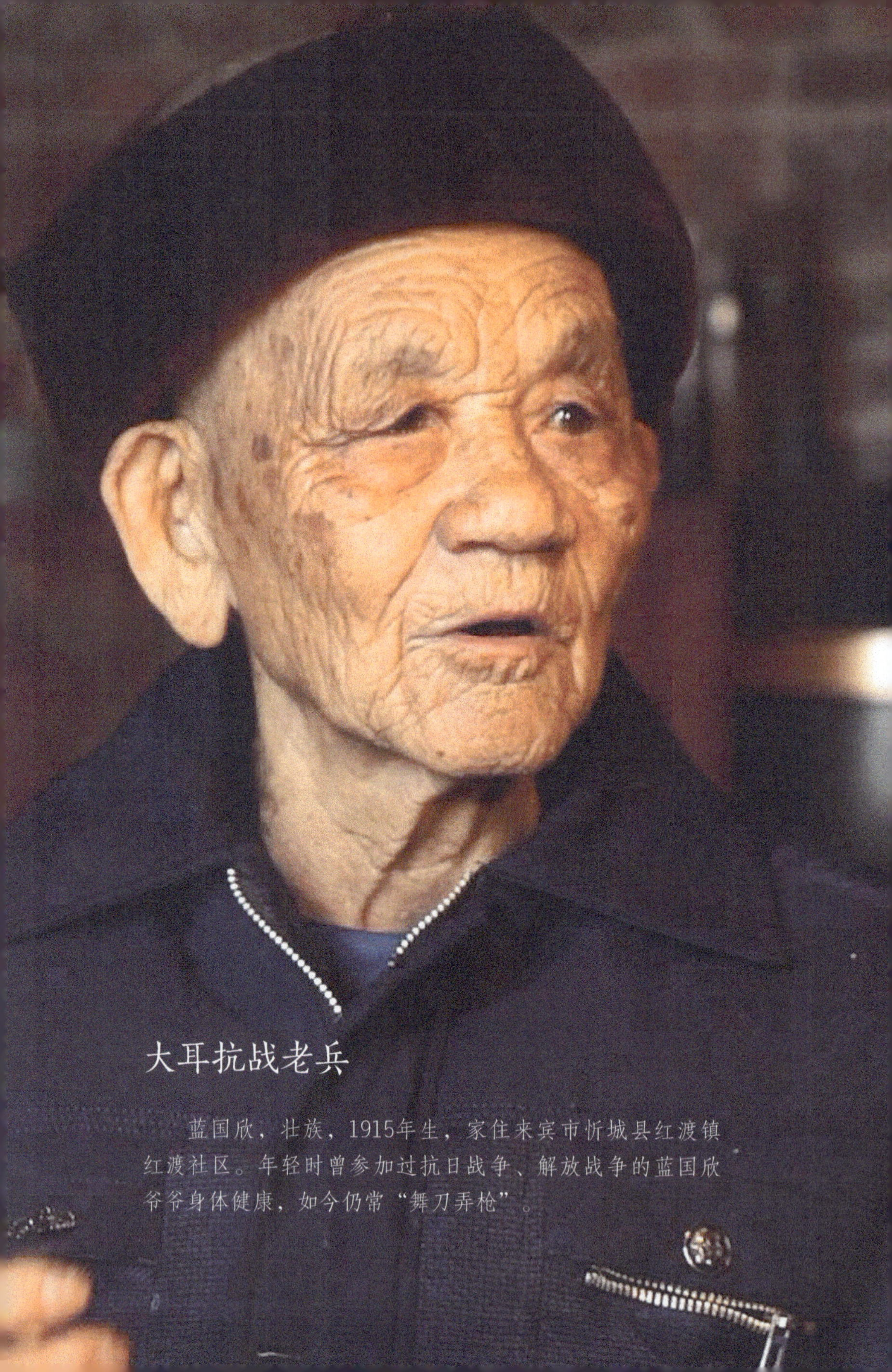

大耳抗战老兵

蓝国欣，壮族，1915年生，家住来宾市忻城县红渡镇红渡社区。年轻时曾参加过抗日战争、解放战争的蓝国欣爷爷身体健康，如今仍常“舞刀弄枪”。

玉米粥+豆腐肉酿：

抗战老兵的养生餐

探秘百寿故事
发现美食传奇
（视频·长寿食谱·交流圈）

龙思云

石头缝里蹦“珍珠”

在忻城县街边有一种便宜实惠的“自助餐”——只需要付粥钱，小菜随便吃。这就是忻城糯玉米粥。在炎炎夏日里，喝一口糯玉米粥，就一口小菜，清热爽口，不亦乐乎。

忻城糯玉米脱壳后打成的细小均匀的“玉米头”，晶莹圆润，白若珍珠，又有“珍珠糯玉米”之称。这种颜值与味道兼备的食材，蓝爷爷已经吃了100多年。“我当年打仗时去到贵阳，吃过那里的玉米，也好吃，但是比不了我们这里的。我种的这个玉米可是不一样的。”蓝爷爷一脸骄傲地告诉我们。

糯玉米明末时传入忻城，至今已有数百年的种植历史。忻城是“九分石头一分土”的大石山区，稻田少旱地多，旱地不能种植稻谷，“有土皆可栽”的玉米便成为当地人的主粮。在这里种植的糯玉米，远离污染，营养丰富。

“糯玉米粥又甜又好吃。我从小到大都吃这个，可能吃多了就长寿了！”

——蓝国欣爷爷语录

- 忻城糯玉米远离污染，无农药，无转基因，无添加剂。
- 糯玉米籽粒中的营养成分含量高于普通玉米，且淀粉分子量比普通玉米小10多倍，更易消化。
- 糯玉米含有丰富的蛋白质、赖氨酸、铁、镁等，是一种健脾保肝、清热解暑的降温、滋补、保健食品。

忻城糯玉米煮粥黏稠软糯、甜而不腻，比普通玉米更适口，也更易消化。然而，我们买了忻城的糯玉米回去煮，煮了很久还是硬的，总也煮不出在忻城吃到的味道和口感，只好去请教蓝爷爷。蓝爷爷声如洪钟地向我们传授了忻城糯玉米粥的正确做法，说是将淘洗干净的糯玉米头放入高压锅，用大火煮沸，高压锅上汽后再煮一小时即可。蓝爷爷还特别提醒我们，糯玉米头与水的比例以1：3为宜，且高压锅上汽后一定要再煮一小时，少10分钟都不行，因为糯玉米粥一定要煮烂才对味。

“在忻城，别人到家里来做客，我们都是招呼客人吃粥，没有招呼喝茶、喝酒的。”蓝爷爷的二儿子告诉我们。蓝爷爷的三女儿说：“我儿子在广东打工，每次回忻城，就从家里带玉米到广东，和同乡一起煮玉米粥吃。”原来，这一碗糯玉米粥，不仅是忻城人招呼客人的佳品，也是蓝爷爷养生的秘方，还是忻城子孙们离乡背井始终不忘的乡愁。

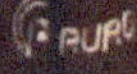

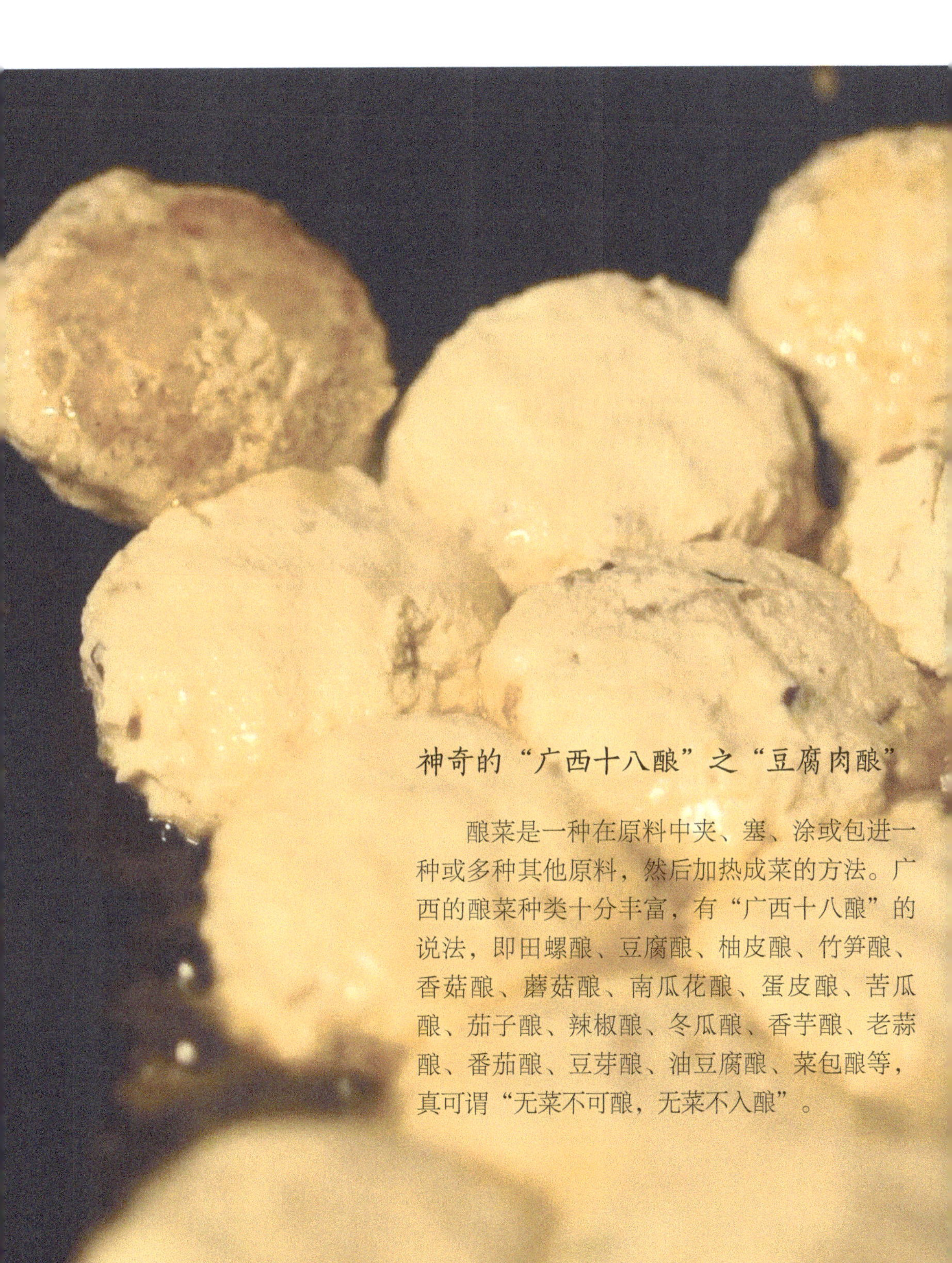

神奇的“广西十八酿”之“豆腐肉酿”

酿菜是一种在原料中夹、塞、涂或包进一种或多种其他原料，然后加热成菜的方法。广西的酿菜种类十分丰富，有“广西十八酿”的说法，即田螺酿、豆腐酿、柚皮酿、竹笋酿、香菇酿、蘑菇酿、南瓜花酿、蛋皮酿、苦瓜酿、茄子酿、辣椒酿、冬瓜酿、香芋酿、老蒜酿、番茄酿、豆芽酿、油豆腐酿、菜包酿等，真可谓“无菜不可酿，无菜不入酿”。

豆腐肉酿有在豆腐块上挖一个洞填上肉的做法，而在忻城，则是用水豆腐泥包裹肉馅制作而成，又叫“豆腐圆”。这道菜以前只有过年时才能吃到，寓意一家人团团圆圆。

豆腐肉酿是蓝爷爷最爱吃的食物之一。每到圩日，住在附近的子孙们都要相聚在蓝爷爷家，一起为他制作豆腐肉酿：女儿负责洗菜，孙女负责切肉，淘气的小曾孙则常蹲在一旁偷吃香喷喷的炒花生。

- 将花生米炒至焦香后研磨成末，激发出香味。

- 将半肥瘦的猪肉、香葱、韭菜、黑木耳切碎，糯米提前煮熟，加入适量的酱油和食盐，与花生末一同混合搅拌。

- 热锅冷油，将上述材料入锅翻炒，这就是豆腐酿肉的馅料。

- 农家豆腐提前用纱布吊起，放置3至4小时，滤去水分，用手碾碎揉匀，留作外皮。

- 将适量豆腐泥摊在手心，放上馅料，小心揉圆，务必将成品放置在纱布上，避免粘连。

或大火蒸煮，或油锅煎香，豆腐肉酿在不同家庭的巧手之下，诞生出独属于各家的风味。“这个好吃，软软烂烂，又香又甜，我经常吃的。我们家都是用自己做的豆腐做的，和用外面买的豆腐做的不一样。”蓝爷爷一边说，一边热情地往我们的碗里各夹了一块豆腐肉酿。无论对百岁的蓝爷爷，还是对学龄前的小曾孙来说，家的味道，就是最好的味道。

- 锅中放油，将豆腐肉酿下锅，注意轻拿轻放。
- 将豆腐肉酿煎黄一面后翻面，两面都煎黄成型后，放入少许水。
- 出锅前，撒少许盐调味即可。

“油茶奶奶”

李润娣，汉族，1917年生，家住贺州市钟山县。李润娣奶奶是油茶的忠实粉丝，几乎每天都要喝油茶。

油茶：

天天“打”着喝的百岁茶

探秘百寿故事
发现美食传奇
（视频·长寿食谱·交流圈）

傅准 侯幽 周金兰 马晨珂

有一种茶不是泡出来的，而是“打”出来的，那就是油茶。它的奇妙之处在于可以“打”着喝，越打越香，口味咸甜皆可，任君选择。据说油茶还有强身健体之功、延年益寿之效，喝上几碗热腾腾的油茶，一整天都神清气爽，脾胃舒畅。

- 油茶最初的发明者当属瑶族山民，他们久居深山，常受湿寒瘴疠之苦，于是便找到了一种防病祛灾的食疗武器——油茶。
- 油茶具有生津止渴、提神醒脑、驱湿避瘴的功效。
- 油茶中的茶叶含有丰富的茶碱，能调理全身；生姜驱寒湿；大蒜杀菌；花生含有人体必需的几种微量元素，能补充能量。

钟山油茶

寿城贺州，与茶结缘，茶山葱翠，气候宜人。在钟山，流行喝一种养生饮料——油茶！

作为一个地道的钟山人，李奶奶就特别喜欢喝油茶，每日必喝，可谓无油茶不欢。家人为了让她吃得更舒心、更有营养，常把自家养的土鸡放入油茶锅中炖煮，鸡肉煮得软绵酥烂，充分吸收了油茶的茶香，肉香与茶香充分融合，让人吃了回味无穷。有时家人还会在油茶中加入土鸡蛋，营养美味升级，软软糯糯的，更适合老人食用。每天，家人把油茶盛好端到李奶奶手中，暖胃更暖心。

李奶奶是一位资深的油茶“打手”，打了几十年的油茶。她告诉我们打油茶里的门道非常有讲究，茶叶的选择是最关键的，以清明雨后的绿茶为最佳，这样的茶叶打出来的油茶才好喝，且茶叶不能太嫩，否则经不起捶打。

● 配料。专用的炒米（糯米煮熟后晒干的饭粒）置锅中干炒，直到爆开成米花，起锅待用；炒花生或油炸花生待用；糯米粉加水搅拌成面团，揉成小颗粒，放油锅炸成金黄色，待用；将绿茶洗净，待用；将生姜洗净用刀拍一下，待用。

● 烹煮。用大火将锅烧热，倒入油炝锅，加适量盐，将绿茶和生姜依次倒入翻炒，之后换文火，用木槌不停捣捶生姜、绿茶，视情况适时加点水，直到将生姜和绿茶打出汁，再加入适量开水（根据个人口味可用肉骨汤或鸡汤），煮沸即可停火。

● 饮用。将油茶过滤到茶壶或大瓷碗中，据个人喜好将葱花、炒米、麻蛋、油炸花生等放入小碗，再盛入热气腾腾的油茶就可以享受香、脆、爽口的油茶了。在煮油茶时还可加入鸡蛋，蛋香混合着茶香，简直是人间美味！

李奶奶兴致来了，忍不住给我们演示起打油茶来。先在打油茶的小锅里放入老姜、大蒜、大米翻炒，再加入一点猪油或鸡油提香，反复捶打，越打越香，越打越有味，最后倒入开水，出锅盛入碗中。可根据个人口味，加入葱花、炒米、麻蛋、油炸花生等配料，油茶入口，唇齿留香，味蕾得到充分的满足。

在拍摄过程中，油茶捶打出来的香味狠狠地钻进我们的鼻孔，经不起诱惑的大家停下了手中的活，美美地喝上一碗。有人初次喝油茶有点不习惯，觉得略苦，还有些涩。李奶奶笑着说："喝油茶不能急，要慢慢品尝，一杯苦，二杯夹（方言，意为涩），三杯四杯好油茶。在钟山有个习惯，客人来喝油茶，一定要喝够三碗的。"

油茶有祛寒湿、提神、饱腹之功效。钟山湿度大，“打油茶”来喝便成为当地百姓的饮食习惯，亦是他们用来待客的一种方式。特别是在人觉得非常劳累的时候，如果能喝上那么一两碗油茶，过不了多久，满身的疲惫便会在不知不觉中烟消云散了。

在寒冷的冬天，支起一个小火炉，一家人围在一起，一边烤火，一边架起油茶锅打油茶，闲话家长里短，或邀请左邻右舍到家中品尝，欢声笑语，其乐融融，好不热闹！感情也如这暖烘烘的火一般逐渐升温。油茶，就像一条纽带，把家人紧紧地联在一起！

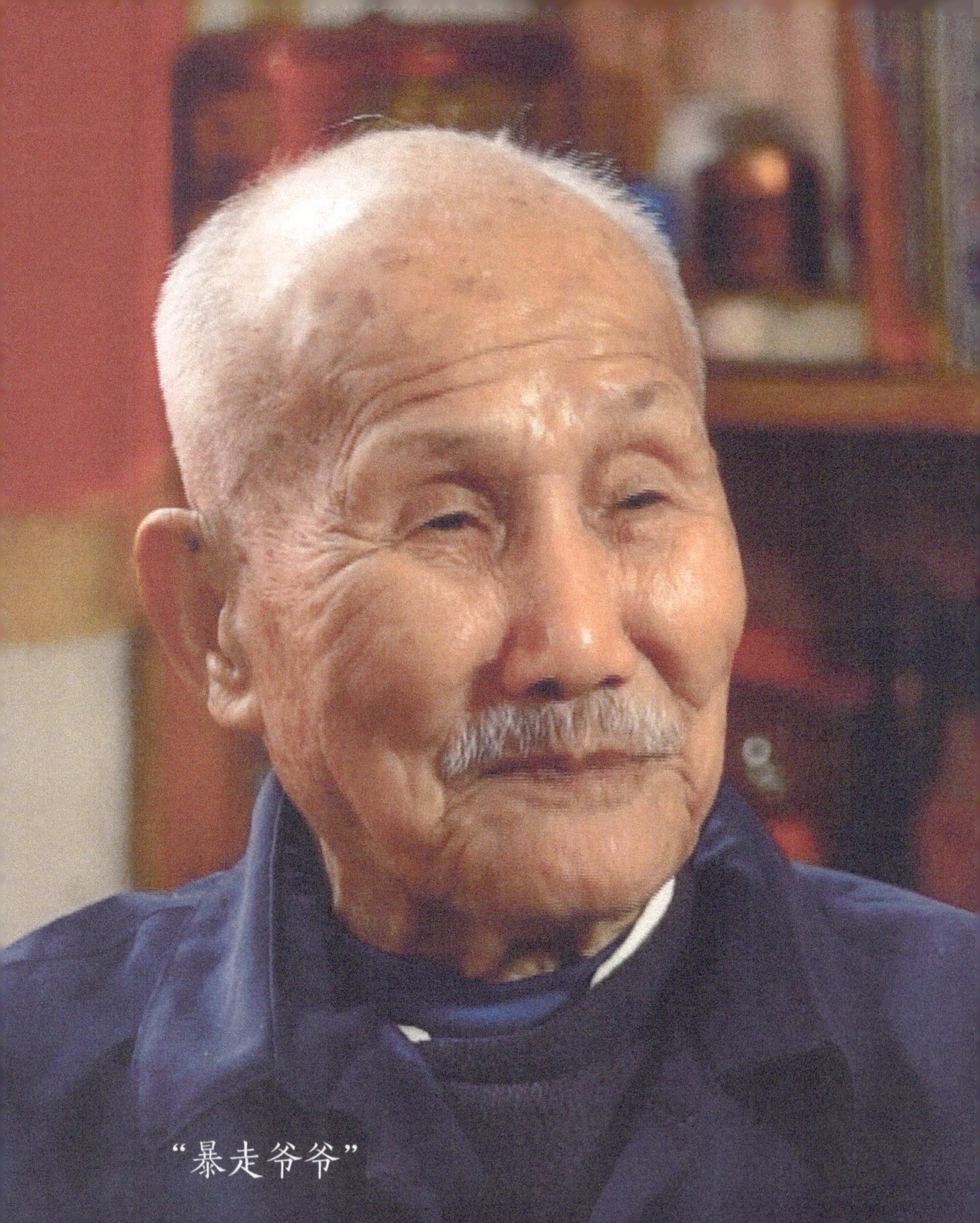

“暴走爷爷”

吴锡棋，汉族，1912年生，家住桂林市恭城瑶族自治县莲花乡。吴锡棋爷爷每天徒步4公里，还能做俯卧撑和踮脚走路，他的身体硬朗与他钟爱百年的味道——恭城油茶有关。

恭城油茶

别看吴爷爷已年过百岁，他可是恭城当地公认的“暴走爷爷”，徒步4公里是他每天的必修课，做俯卧撑和踮脚走路是他的独门健身方法。那天吴爷爷一口气做了12个俯卧撑，令我们叹为观止。吴爷爷还告诉我们，他能够踮起脚行走近200步。问起吴爷爷的身体为何如此硬朗，他认为这和他喜爱喝一种茶有关，这就是油茶。

油茶是桂林地区深受百姓喜爱的传统饮品，对于恭城人来说，更是三餐离不开油茶。正如一首流传于恭城当地的顺口溜所说的：“油茶好比仙丹水，人人吃了喊舒服。”

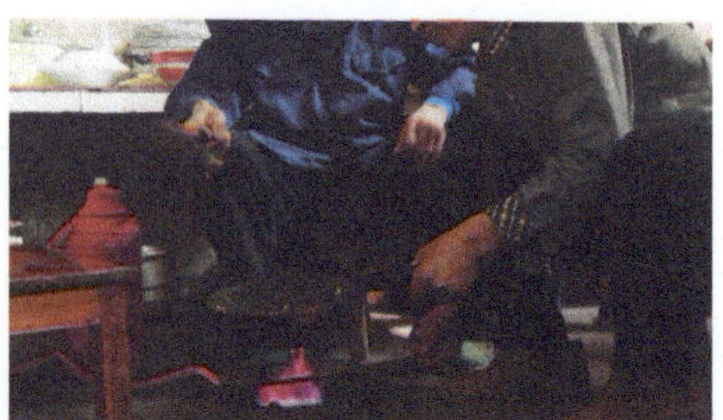

恭城油茶的制作不说“煮”而称“打”，原因在于它独特的制作过程。

- 将特制的油茶锅烧热，放入油、老姜、蒜米、花生、茶叶反复锤打，再加入筒骨汤稍加炖煮，一锅浓香四溢的油茶就出锅了。

- 恭城油茶可配以各种佐食的油炸和炒香的小吃，如炒黄豆、炸花生米等，也可与糯米饭团或糯米糍粑相佐。

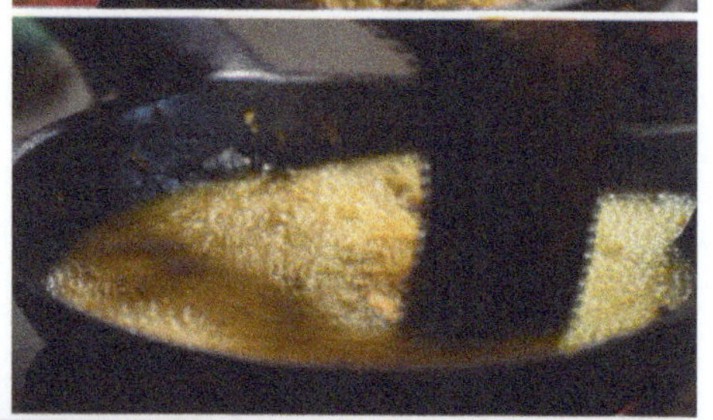

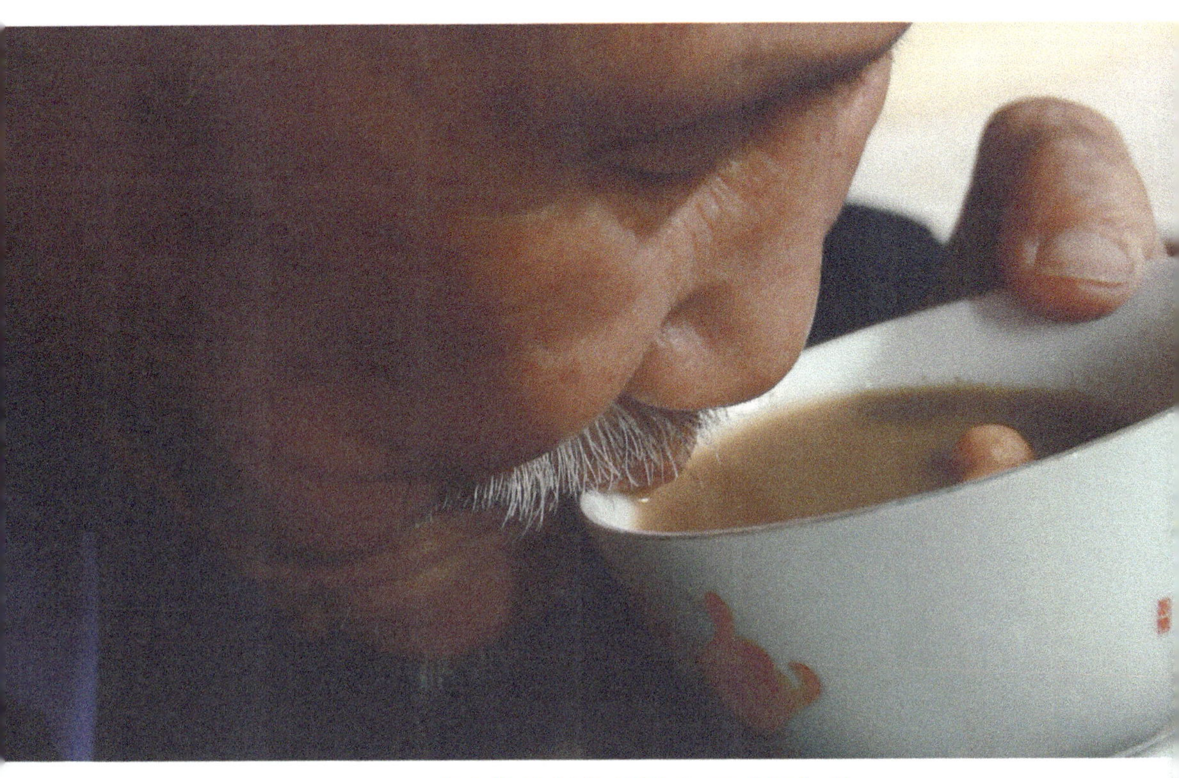

“油茶的制作精髓在于‘打’的过程，耐心与细致是必不可少的，经过优秀的油茶师傅捶打出来的油茶口感更加醇厚。”

——吴锡棋爷爷语录

油茶入口先咸微苦，继而甘醇，茶香浓烈，甘甜可口。而花生的加入又为油茶增添了一份醇香，这正是吴爷爷钟爱百年的味道。

吴爷爷是他们家的打油茶好手，他常用的油茶锤是母亲留给他的，已伴随他走过了70多年的时光。

百岁“茶师”

胡月英，汉族，1903年生，家住贺州市昭平县走马镇佛丁村。胡月英奶奶是昭平县赫赫有名的百岁“茶师”，家里祖祖辈辈种茶、采茶、制茶、饮茶，她从七八岁记事起就养成了喝茶的习惯。

长寿茶：

百岁“茶师”从清朝喝到现在

探秘百寿故事
发现美食传奇
（视频·长寿食谱·交流圈）

胡璇玥

胡奶奶的家在“中国长寿之乡”昭平，三面环山，一面向河。由于祖屋被大雨冲毁，胡奶奶现在和孙子一家住在一起。

初见胡奶奶的时候，她正精神抖擞地在自家的茶园里悠闲地采着今年的春茶，见到我们来了，便热心地向我们传授起采茶的秘诀来：“要提手采才能保持芽的完整，千万不能硬掐，这样不好，会伤了茶树。”

采完茶叶，胡奶奶又亲手制作农家绿茶给我们品尝。摊青、杀青、揉捻、干燥，好几道工序，胡奶奶做起来熟练至极。胡奶奶还给我们每个人塞了一包茶叶，说：“这是我的一点心意，你们带回去给家人尝尝。对我来说，茶叶就是最好的祝福。”

走马镇的茶叶在当地颇有名气，我们去拜访胡奶奶的时候正逢佛丁村举办茶艺大赛，家家户户都拿出自制的茶叶来参赛。而作为评委之一的胡奶奶在佛丁村也颇有名望，毕竟不是谁都有机会饮茶百年的。

村民们纷纷给评委们沏上热茶，胡奶奶喝得是赞不绝口：“我们村的茶叶就是好，不打农药，手工炒的茶，香得很！好！好！好！”

胡奶奶的大孙子也是参赛选手之一，获得了第一名的好成绩。“我这一手炒茶技术都是奶奶教我的。这是我们佛丁的长寿茶，老人喝了长寿！”胡奶奶的大孙子开心地说。

“从我的祖辈开始，家里都是喝自种、自采、自炒的茶，所以我从小就爱喝茶，也喝习惯了，喝了才精神。一天要喝两三盅，中午喝，晚上喝，吃饱饭也喝，天天都喝，茶不离手。”

——胡月英奶奶语录

胡奶奶饮茶至今已将近110年了，真是印证了古人说的长寿亦为“茶寿”，常喝茶，自然享“茶寿”。

- 茶能消食去腻、降火明目、宁心除烦、清暑解毒、生津止渴。
- 茶中含有的茶多酚具有很强的抗氧化性和生理活性，是人体自由基的清除剂，可以阻断亚硝酸铵等多种致癌物质在人体内合成。
- 茶多酚还能吸收放射性物质，达到防辐射的效果，从而保护皮肤。

胡奶奶最爱的绿茶是完全不发酵茶，与发酵茶和半发酵茶相比，叶绿素、维生素、茶多酚、咖啡因等天然物质的保留量较多。科学研究发现，完全不发酵茶不仅可以抗过敏，还具有防止细胞老化、抑制癌细胞生长的功能，茶中含有的茶甘宁还能提高血管韧性，长期饮用有良好的保健作用。

胡奶奶还告诉我们，喝剩的茶叶别倒掉，还有不少妙用呢。

- 小孩长痱子，用绿茶的茶叶和茶水涂抹患处，有消炎止痒的功效。
- 拿一些茶叶含在嘴里咀嚼，有消除口臭的作用。
- 冲泡过的茶叶仍含有无机盐、碳水化合物等养分，用以给植物施肥能有效提高植物的发育与繁殖能力。
- 用茶叶洗脸，能清除面部的油腻、收敛毛孔、减缓皮肤老化。

钟爱大海的“蛋家人”

何永秀，汉族，1915年生，家住防城港市防城区茅岭镇。何永秀奶奶尤其钟爱一种海边美味——海鸭蛋，因此还得了个响亮的名号“蛋家人”。

海鸭蛋：

生长在岸边的海鲜

籍翔

探秘百寿故事
发现美食传奇
（视频·长寿食谱·交流圈）

防城港是一个美丽的沿海城市，在这里，琳琅满目的海鲜美食从来都不会让食客失望。夜幕降临，海面渐渐平静，一种美食也在诞生。清晨，太阳升起，在沙滩上出现了一个个白色的椭圆形的蛋，这就是著名的海鸭蛋。

这可不是普通的鸭蛋，渔民把体态丰盈、毛色鲜亮的鸭群放养在海边，它们无拘无束、自由生长，每天吹着海风，伴着一排排海浪拍打的节奏，吃的是富含卵磷脂和维生素的鱼、虾、贝、藻，于是，一个个鲜亮诱人的海鸭蛋就带着自己的使命诞生了。或许是因为这样放养的鸭子拥有自由，能无拘无束地奔跑，这些鸭子生下来的鸭蛋比普通鸭蛋更大，外壳更坚硬。

何奶奶很喜欢这些又圆又大的海鸭蛋，她说海鸭蛋她可是从小吃到大的。“我最喜欢吃海鸭蛋，敲了放进锅里煮汤，吃了以后有精神。”何奶奶笑着告诉我们。

- 海鸭蛋富含卵磷脂，每100克海鸭蛋中含有卵磷脂4056毫克，比100克牛奶中所含卵磷脂高50倍。
- 卵磷脂有延缓衰老，软化、清理血管，增强记忆力等作用。

何奶奶还说，她之所以现在身体还这么健康，多亏她那孝顺的孙媳妇。原来，何奶奶家如今是四世同堂，平时主要由孙媳妇负责照顾何奶奶。知道何奶奶喜欢吃海鸭蛋，孙媳妇每天早上都会早早出去，跟附近养鸭的渔民购买最新鲜的海鸭蛋。每次买回来的海鸭蛋，孙媳妇都会先给何奶奶看一下，让她辨别一下这是不是最好的海鸭蛋。

“海鸭蛋的蛋壳是青色的，那些吃饲料的鸭子生的蛋是白色的。”何奶奶指着海鸭蛋说。何奶奶还教了我们一些辨别海鸭蛋和普通鸭蛋的方法。海鸭蛋的蛋黄颜色比普通鸭蛋的要红，而且颜色越红越好，蛋清比普通鸭蛋的要浓稠，蛋壳也比普通鸭蛋的更坚硬、更厚。

何奶奶说，海鸭蛋的做法很简单，与鸡蛋、鸭蛋一样，蒸、炒、煎、煮均可。但她觉得，煮、煎后的味道和口感更好些，腥味小。

- 小火热锅，倒入适量的花生油，撒点盐，把海鸭蛋打到锅里，煎至两面金黄即可。
- 炒鸭蛋时放点水可以让鸭蛋更松软，但不放水炒出的海鸭蛋更香。

百岁好闺蜜，百年好亲家

朱玉凤，壮族，1912年生；黎新民，壮族，1913年生，家住崇左市天等县县城。朱玉凤奶奶和黎新民奶奶可是百年好闺蜜，两人从小玩到大，年轻时还一起做过买卖，合作非常愉快，从未发生过争吵。黎奶奶的儿子后来娶了朱奶奶的女儿，两人又成了好亲家。如今家里已是五代同堂，生活幸福美满。

豆腐：

百岁闺蜜最长情的陪伴

探秘百寿故事
发现美食传奇
（视频·长寿食谱·交流圈）

闫哲

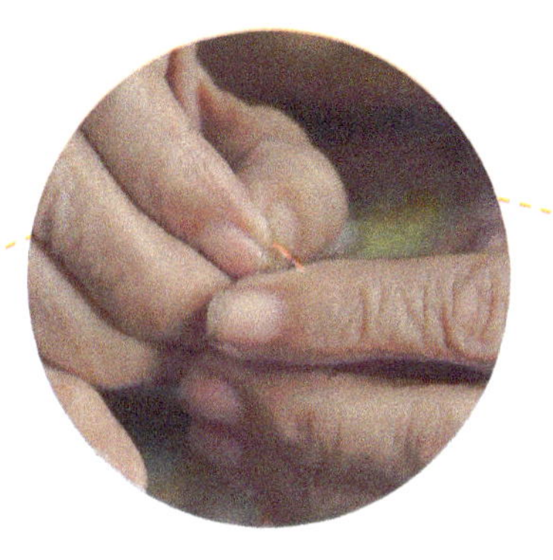

朱奶奶心灵手巧，还会做很多针线活，家人的衣服大部分都是她做的。每晚睡前，朱奶奶都要喝点小酒，手抄《心经》。生活规律，勤劳，心态好，这就是朱奶奶的长寿秘诀。

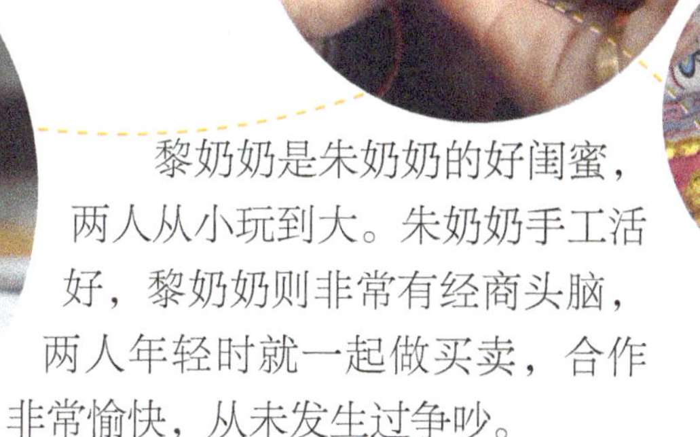

黎奶奶是朱奶奶的好闺蜜，两人从小玩到大。朱奶奶手工活好，黎奶奶则非常有经商头脑，两人年轻时就一起做买卖，合作非常愉快，从未发生过争吵。

百年来，朱奶奶和黎奶奶总会一起做豆腐，她们坚持古法，做豆腐的工具从未变过，石磨、盘子、木桶、纱布、水勺、千斤顶、木箱、石膏。做一次豆腐至少要花一下午的时间，两人搭档非常默契，边聊边做，枯燥烦琐的制作过程成了她们聊天交心的好时光。或许是豆腐中也融入了这些快乐，味道更加鲜美，变成了两位老人最爱的美食。

“最喜欢做豆腐，又香又好吃。做豆腐的豆浆很鲜甜，豆腐没成型时的豆腐花很爽口。自己做的石磨老豆腐最有味，做豆腐的时候可忍不住啊，豆腐刚做好，人也吃饱了。”

——朱玉凤奶奶语录

“老朱家的豆腐最好吃，她做豆腐，满街飘香。这豆腐从小吃到老，是我们一生的记忆。”

——黎新民奶奶语录

- 豆腐的脂肪78%是不饱和脂肪酸，并且不含胆固醇，素有“植物肉”之美称。
- 人体对豆腐的消化吸收率达95%以上，两小块豆腐即可满足一个人一天钙的需求量。
- 豆腐营养价值极高，内含铁、镁、钾、烟酸、铜、钙、锌、磷、叶酸、维生素B_1、卵磷脂和维生素B_6等人体必需的营养素。

我们还发现，两位老人手上的金镯子、金戒指、手帕等都是同款。平日里朱奶奶爱抄写《心经》，黎奶奶虽不识字，也会跟着读写。黎奶奶还保存着年轻时朱奶奶给她做的衣服，而朱奶奶还清晰地记得黎奶奶的衣服尺寸，可见两人的感情之深厚。

朱奶奶和黎奶奶相伴百年，一起长大，一起谋生，又结成亲家，再一起度过百岁，五世同堂，子女孝顺……这样的故事世间少有。而对于她们这对闺蜜而言，豆腐就是她们百年来最长情的陪伴。